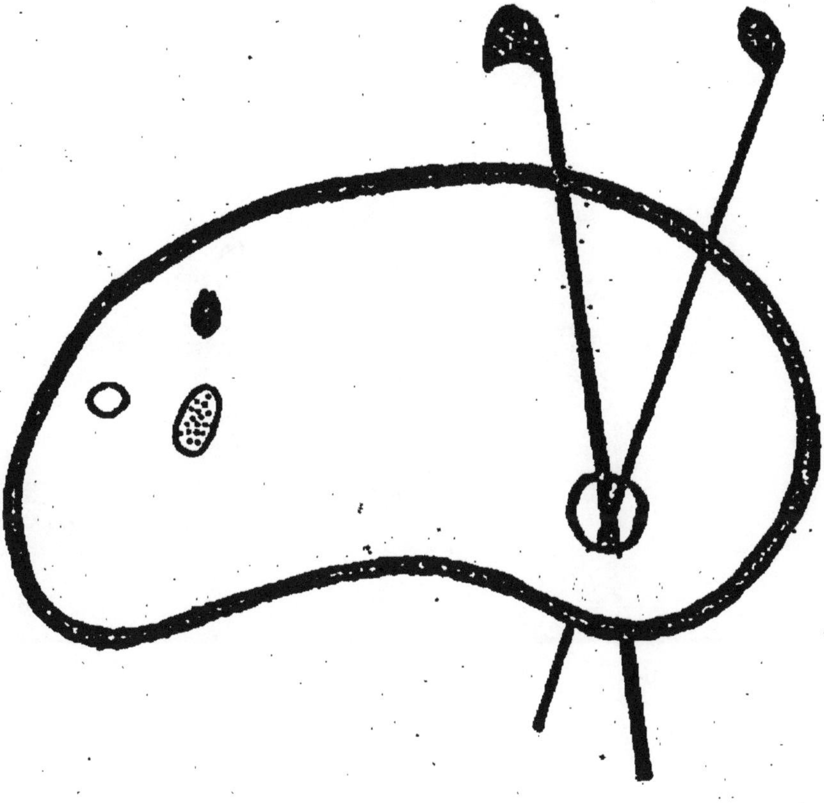

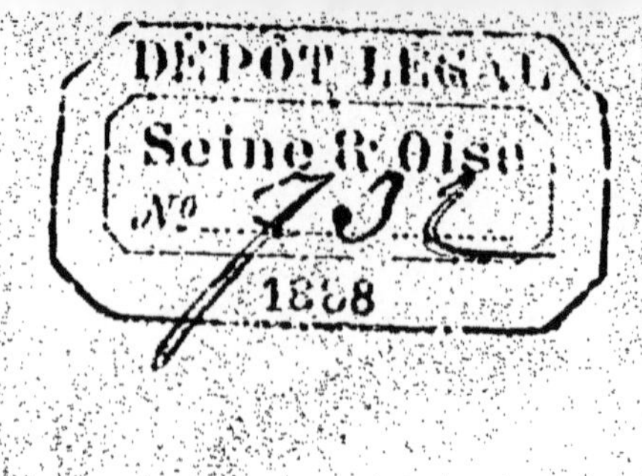
DÉPÔT LÉGAL
Seine & Oise
No 732
1868

COURS ÉLÉMENTAIRE

DE CHIMIE

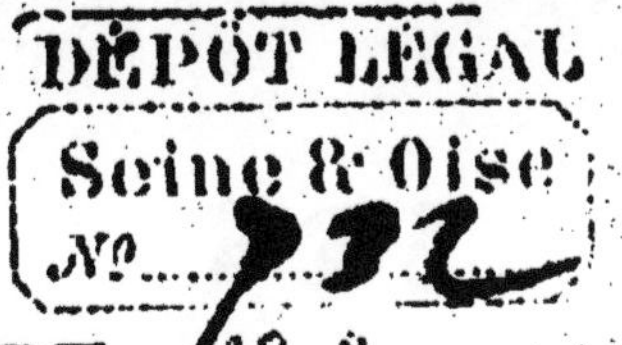

COURS ÉLÉMENTAIRE DE CHIMIE

RÉDIGÉ CONFORMÉMENT AU PROGRAMME DE 1885

POUR

LA CLASSE DE RHÉTORIQUE ET LE BACCALAURÉAT ÈS LETTRES

Par A. LEDUC

ANCIEN ÉLÈVE DE L'ÉCOLE NORMALE SUPÉRIEURE, DOCTEUR ÈS SCIENCES
AGRÉGÉ DE L'UNIVERSITÉ, PROFESSEUR AU LYCÉE CHARLEMAGNE

DEUXIÈME ÉDITION, REVUE ET CORRIGÉE

PARIS
LIBRAIRIE CLASSIQUE EUGÈNE BELIN
Vve EUGÈNE BELIN ET FILS
RUE DE VAUGIRARD, N° 52

1888

Tout exemplaire de cet ouvrage non revêtu de ma griffe sera réputé contrefait.

Eug. Belin

SAINT-CLOUD. — IMPRIMERIE Vᵉ EUG. BELIN ET FILS.

PROGRAMME

de la classe de Rhétorique

(Deux heures par semaine pendant le premier semestre)

—

CHIMIE

Corps simples et corps composés.

Eau : analyse et synthèse. — Hydrogène. — Oxygène.

Air : analyse. — Azote.

Combustion. — Notions générales sur la combinaison chimique. — Chaleur dégagée. — Changement de propriétés.

Principes de la nomenclature et de la notation chimiques.

Acides. — Bases.

Oxydes de l'azote. — Acide azotique. — Ammoniaque.

Lois des combinaisons en poids et en volumes.

Chlore. — Acide chlorhydrique. — Eau régale. — Iode.

Soufre. — Acide sulfureux. — Acide sulfurique. — Acide sulfhydrique.

Phosphore. — Acide phosphorique. — Hydrogène phosphoré.

Carbone. — Acide carbonique. — Oxyde de carbone. — Sulfure de carbone. — Cyanogène et acide cyanhydrique.

Carbures d'hydrogène. — Acétylène. — Gaz oléfiant. — Gaz des marais. — Benzine. — Gaz de la houille. — Flamme.

Silice.

Généralités sur les métaux, les oxydes et les sels (une leçon).

Généralités sur les principales matières organiques, au double point de vue de leur existence dans les végétaux et de leur formation artificielle (une leçon).

COURS ÉLÉMENTAIRE
DE CHIMIE

PRÉLIMINAIRES

1. Objet de la chimie. — La chimie étudie les propriétés des corps, leurs modifications par les agents divers, leurs actions mutuelles, leur composition.

On distingue assez nettement les phénomènes chimiques des phénomènes physiques parce que les premiers seuls déterminent dans les corps une altération permanente et en général un changement de poids et de composition. Ainsi, le fer exposé à l'air humide se transforme lentement en rouille entièrement différente de ce métal, plus lourde que lui, et qui contient en outre de l'oxygène et de l'eau. La fusion de la glace et la volatilisation de l'eau sont, au contraire, de bons exemples de phénomènes physiques; par simple refroidissement la vapeur repasse à l'état d'eau, puis de glace.

2. Propriétés de la matière. — On nomme *matière* ou substance ce qui tombe immédiatement sous les sens. Nous n'en connaissons pas la nature intime, mais seulement les propriétés. Celles-ci sont de deux sortes; les unes, dites générales, sont : l'étendue, l'impénétrabilité, la divisibilité, la porosité; les autres, particulières, telles que : couleur, densité, etc., feront en partie l'objet de notre étude.

L'*étendue* est la propriété par laquelle tout corps occupe une portion de l'espace. Par l'*impénétrabilité* on entend que deux corps ne peuvent occuper à la fois la même portion de l'espace.

La matière peut par divers procédés être réduite à l'état de particules de plus en plus petites; lors même que nos instruments deviennent impuissants, nous concevons qu'elle puisse être subdivisée de nouveau et même indéfiniment. Cependant il paraît y avoir un certain degré de finesse au delà duquel la matière perdrait quelqu'une de ses propriétés. On nomme *atôme* la particule ainsi devenue en quelque sorte insécable (1). Par *molécule* on entend une portion de substance très petite que l'on peut considérer comme formée d'atomes.

De ce que les corps peuvent diminuer de volume sous l'influence du froid ou de la pression, on doit conclure que leurs molécules ne se touchent pas; on admet que celles-ci sont maintenues à distance par des *forces* dites *moléculaires*, les unes attractives (cohésion), les autres répulsives.

La *porosité* est une conséquence de cette constitution; les vides intermoléculaires ou pores peuvent être occupés par les molécules d'autres corps (liquides ou gaz).

Les corps les plus compacts tels que les métaux, le marbre, sont poreux et perméables aux liquides sous l'influence d'une forte pression. Il ne faut pas confondre ces pores qui sont de même ordre de grandeur que les atomes et par suite invisibles à l'œil armé des instruments les plus puissants, avec les cavités relativement spacieuses des corps vulgairement appelés poreux.

3. Corps simples et composés. — On distingue en chimie les corps simples et les corps composés. Ces derniers sont ceux dont on a pu tirer plusieurs substances distinctes. On regarde comme simples ceux que l'on n'a pu décomposer jusqu'ici.

On compte actuellement soixante-six corps simples; il se pourrait que quelques-uns fussent réellement composés; l'on a même hasardé l'hypothèse de l'*unité de la matière* d'après

1. Pour les atomistes, l'*atome* est réellement insécable, et la *molécule* est formée par la réunion d'un *nombre déterminé* d'atomes d'un ou de plusieurs corps simples.

laquelle les corps les plus divers ne seraient que des modifications d'une substance unique (1).

4. Analyse et synthèse. — La composition des corps s'établit par analyse ou par synthèse.

Analyser un corps c'est en séparer les éléments. Lorsqu'on se borne à constater la nature de ces derniers, l'*analyse* est dite *qualitative;* elle est *quantitative* si l'on détermine en même temps les quantités relatives des éléments qui entrent dans le composé.

Exemple. — Lorsqu'on fait passer dans un voltamètre (*fig.* 1) contenant de l'eau acidulée le courant d'une pile convenable, on voit se dégager deux gaz, l'hydrogène autour de l'électrode négative, l'oxygène à l'électrode positive. On a fait ainsi l'analyse qualitative de l'eau. Elle devient quantitative si l'on constate que le volume de l'hydrogène est double de celui de l'oxygène.

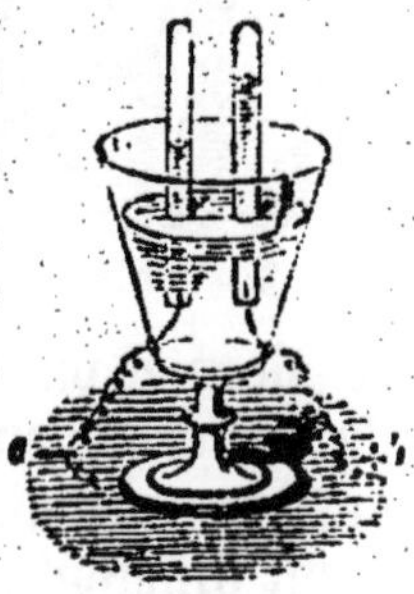

Fig. 1.

Faire la *synthèse* d'un corps c'est le composer au moyen de ses éléments. La *synthèse* peut être aussi *qualitative* ou *quantitative.*

Premier exemple. — Réunissons dans un vase l'hydrogène et l'oxygène obtenus dans l'opération précédente et approchons-en un corps enflammé; le mélange prend feu et détone violemment, et l'on voit ruisseler sur les parois du vase l'eau dont on a fait ainsi la synthèse. Nous verrons plus loin comment il faut opérer pour rendre celle-ci quantitative.

Deuxième exemple. — Prenons encore un ballon contenant un mélange de cuivre en planures et de soufre pulvérisé et chauffons-le au moyen d'un bon fourneau à main ou d'un bec

1. Sans accepter cette théorie, nous en rapprocherons les transformations dites allotropiques ou isomériques que subissent certains corps sans changer de composition, et après lesquelles ils deviennent tout à fait méconnaissables. (Voir oxygène et ozone, phosphore rouge, cyanogène, etc...)

de gaz de Bunsen (*fig.* 2). Le soufre fond d'abord, puis la température atteignant 400° environ, le cuivre devient subitement incandescent par suite de la grande quantité de chaleur que dégage sa combinaison avec le soufre. L'opération terminée, le ballon contient du sulfure de cuivre dont on vient de faire la synthèse.

Fig. 2.

5. Combinaisons et mélanges. — Lorsque deux corps sont simplement mélangés, il est généralement facile de les distinguer et de les séparer par quelque procédé mécanique; cela devient impossible lorsqu'ils sont combinés.

Ainsi, du mélange ci-dessus de cuivre et de soufre on peut retirer ce dernier par un simple lavage : on ne saurait l'extraire de même du sulfure de cuivre produit. Les composants ont entièrement disparu pour faire place au composé absolument différent de chacun d'eux.

6. Chaleur de combinaison. Corps explosifs. — La combinaison est caractérisée au moment où elle se produit par un dégagement ou une absorption de chaleur plus ou moins considérable. Il peut cependant se trouver des cas intermédiaires où la réaction se produise sans phénomène thermique. La chaleur dégagée peut être assez grande, comme nous venons de le voir, pour porter les corps à l'incandescence.

Lavoisier a le premier recherché l'origine de cette chaleur. Pour lui, les corps contiennent du *calorique latent* qui est rendu libre au moment de la combinaison.

On exprime aujourd'hui la même chose d'une façon à peine différente en disant que les corps, en se combinant, perdent ou gagnent une certaine quantité d'*énergie*, qui dans le premier cas se transforme en chaleur dégagée, et dans le deuxième se retrouve dans le corps composé. En effet, tout corps dégage en se décomposant la chaleur qu'il a absorbée dans sa formation. Lorsque celle-ci est considérable, les gaz résultant de la destruction subite du composé sont portés à une haute température et acquièrent une pression capable de déterminer une explosion (poudres, dynamite, etc.). Aussi qualifie-t-on de pareils corps d'*explosifs* ou *détonants*, et l'on étend ces désignations à tous les corps formés avec absorption de chaleur.

7. Réactions directes et indirectes. — Il est à remarquer que toute réaction qui dégage de la chaleur peut se continuer d'elle-même dès qu'elle a commencé; on dit qu'elle *est directe;* mais il faut observer qu'elle ne commence que dans certaines conditions déterminées. Ainsi la combinaison du cuivre et du soufre, qui est directe, ne se produit qu'à une température assez élevée.

Parmi les conditions qui peuvent favoriser les réactions, citons l'exposition à la lumière, l'électrisation. D'ailleurs il est nécessaire que les molécules des corps soient en contact parfait; aussi les réactions entre corps solides sont-elles beaucoup facilitées par la dissolution de l'un d'eux au moins dans un liquide approprié.

Il est rare qu'une réaction prenne naissance d'elle-même lorsqu'elle absorbe de la chaleur. Elle ne se produit généralement qu'à la faveur d'une *réaction concomitante* qui lui fournit la chaleur nécessaire; aussi la qualifie-t-on d'*indirecte.*

8. Dissociation. — Tandis que la décomposition d'un corps explosif est en général subite, celle d'un composé direct s'effectue progressivement, au fur et à mesure qu'on lui fournit la chaleur qu'il a perdue dans sa formation. La décomposition est d'ailleurs souvent limitée par la pression qu'exercent les gaz dans l'appareil : on dit alors qu'il y a *dissociation.* Ce phénomène découvert par M. Sainte-Claire-Deville a été étudié par M. Debray sur la craie ou carbonate de chaux. Cette substance était chauffée dans un vase clos communiquant avec un manomètre, et vide d'air. La température étant maintenue à 860°, la pression s'élève à $0^{m},085$ de mercure et s'y fixe, ce qui montre que la décomposition s'arrête ; elle recommence si l'on vient à enlever, au moyen d'une machine pneumatique, l'acide carbonique mis en liberté, et l'on peut ainsi décomposer totalement la craie à cette température. Dès que l'on cesse de faire fonctionner la machine, la pression s'élève de nouveau à 85 millimètres, quel que soit l'état de décomposition de la substance. Cette pression caractéristique est dite *tension de dissociation* à cette température. Cette tension croît d'ordinaire rapidement avec la température. Ainsi, pour la craie, elle est de 85^{mm} à 860° et de 520^{mm} à 1040°. Si l'on refroidit l'appareil, la tension de l'acide carbonique repasse par les mêmes valeurs et le manomètre revient finalement à zéro : le gaz s'est complètement recombiné à la chaux.

9. Lois des combinaisons. — Nous ne ferons qu'énoncer ici les principales lois qui se trouveront établies chemin faisant par de nombreux exemples.

1° Loi des poids (de Lavoisier). — *Le poids d'un composé est égal à la somme des poids de ses composants.*

2° Loi des proportions définies (de Proust). *Deux corps ne peuvent s'unir que dans un petit nombre de rapports définis.*

Ainsi dans la synthèse du sulfure de cuivre, $31^{gr},75$ de ce métal se combinent à 16 grammes de soufre. Si l'on a mis, par exemple, 30 grammes de ce dernier, on en trouve 14 dans l'appareil après l'opération.

3° Loi des proportions multiples (de Dalton). — *Quand deux corps forment plusieurs composés, les poids divers de l'un d'eux qui s'unissent à un même poids de l'autre sont dans des rapports simples.*

4° Loi des volumes (de Gay-Lussac). — *Quand deux corps*

gazeux s'unissent à volumes égaux pour former un composé gazeux, le volume de ce dernier est égal à la somme des volumes des composants, autrement dit il n'y a *pas de contraction.*

La proposition contraire est vraie. La *contraction* est d'un tiers lorsque les volumes des gaz sont entre eux dans le rapport de 2 à 1. Elle est de moitié lorsqu'ils sont dans le rapport de 3 à 1. — En tous cas, *les volumes des composants et du composé,* mesurés à la même pression et à la même température, *sont entre eux dans des rapports simples.*

10. Équivalents en poids. — On appelle *poids équivalents de deux corps* les poids de ceux-ci qui peuvent se déplacer ou se remplacer mutuellement dans des composés chimiques semblables.

Dans une dissolution d'azotate d'argent, par exemple, plongeons une lame de cuivre ; elle se couvre bientôt d'un dépôt noir d'argent pulvérulent, et si l'expérience dure assez longtemps, on voit la liqueur primitivement incolore prendre une teinte bleue, ce qui indique la formation d'azotate de cuivre. Supposons que l'on ait noté la diminution de poids de la lame de cuivre et pesé l'argent précipité; on dira que ces poids des deux métaux sont équivalents. On peut établir de même l'équivalence du cuivre et du fer, etc., et dresser un tableau contenant les poids équivalents de tous les métaux par rapport à l'un d'eux.

Moyennant certaines conventions, on peut faire entrer dans ce tableau des corps qui, comme l'oxygène, n'ont aucune ressemblance chimique avec les métaux. Pour ceux-ci les nombres obtenus ne répondent pas à la définition ci-dessus et ne doivent être considérés que comme des *nombres proportionnels,* commodes à introduire dans la notation.

On est convenu de prendre pour unité l'équivalent de l'hydrogène; admettant pour unité de poids le gramme, on dira que l'équivalent de l'hydrogène est 1 gramme, celui de l'oxygène 8 grammes, etc.

(Voir le tableau ci-dessous, § 12.)

11. Équivalents en volumes. — On nomme *équivalent en volume* d'un corps gazeux le volume occupé par un équivalent en poids de ce corps. On prend pour unité l'équivalent en volume de l'oxygène (c'est-à-dire le volume de 8 grammes de ce gaz, soit $5^l,6$ à 0° et à 760^{mm}), et l'on trouve que l'équivalent en volume du soufre, du phosphore, de l'arsenic, est aussi l'unité; celui de l'hydrogène, du chlore, de l'azote est 2.

Pour les corps composés l'équivalent en volume est toujours 2 ou 4; on le trouve en général en appliquant la loi de Gay-Lussac.

Densités de vapeurs théoriques. — On peut calculer aisément la densité de vapeur des corps gazeux qui obéissent à la loi de Mariotte (à la température où on les étudie), connaissant :

1° La formule chimique du corps;
2° Les équivalents en poids et en volumes de ses composants;
3° La densité d'un gaz quelconque.

Nous allons le montrer sur plusieurs exemples, en supposant connue la densité de l'oxygène (1,1056) :

1° *Densité de la vapeur de soufre.* — Un équivalent en poids de soufre (16 grammes) occupe à l'état de vapeur le même volume qu'un équivalent d'oxygène (8 grammes), puisque son équivalent en volume est 1, comme celui de l'oxygène. Les densités de l'oxygène et de la vapeur de soufre sont donc entre elles comme 8 et 16, ou comme 1 et 2. Cette dernière est donc égale à

$$2 \times 1,1056 = 2,21.$$

Cette densité théorique a été en effet retrouvée par l'expérience lorsqu'on l'a cherchée à des températures suffisamment élevées (1040°);

2° *Densité de l'azote.* — 14 grammes de ce gaz occupent 2 volumes, de même que 16 grammes d'oxygène. Les densités de ce gaz sont donc entre elles dans le rapport de 14 à 16 ou de 7 à 8; celle de l'azote est donc

$$1,1056 \times \frac{7}{8} = 0,967.$$

3° *Densité de la vapeur d'eau.* — La formule HO donne pour l'équivalent en poids : $1 + 8 = 9$; d'après la loi de Gay-Lussac, 2 volumes d'hydrogène (H) et 1 d'oxygène (O) donnent deux volumes de vapeur d'eau, (l'équivalent en volume de celle-ci est donc 2). Par suite 9 grammes de vapeur d'eau occupent le même volume que 16 grammes d'oxygène (tous deux à 100° par exemple et à la pression de 760^{mm}). On aura donc pour la densité de la vapeur d'eau

$$1,1056 \times \frac{9}{16} = 0,622.$$

NOMENCLATURE

12. Corps simples. — Le tableau ci-joint contient les noms des principaux corps simples, les symboles par lesquels on les désigne dans l'écriture abrégée et leurs équivalents en poids. Dans la première partie contenant les métalloïdes on a ajouté l'équivalent en volume.

MÉTALLOIDES

	Symbole	Équivalent en poids	Équivalent en volume		Symbole	Équivalent en poids	Équivalent en volumes
Oxygène.....	O	8	1	Azote........	Az	14	2
Soufre.......	S	16	1	Phosphore...	Ph	31	1
Sélénium.....	Se	39,5	1	Arsenic......	As	75	1
Tellure.......	Te	61,5	1	Carbone......	C	6	1?
Fluor........	Fl			Bore.........	Bo	11	
Chlore.......	Cl	35,5	2	Silicium......	Si	14	
Brôme.......	Br	80	2	Hydrogène...	H	1	2
Iode.........	I	127	2				

MÉTAUX

Potassium..	K	39	Fer........	Fr	28	Cuivre.....	Cu	31,75
Sodium....	Na	23	Nickel.....	Ni		Plomb.....	Pb	103,5
Lithium...	Li		Cobalt.....	Co		Bismuth...	Bi	208
Calcium...	Ca	20	Chrome....	Cr				
Strontium..	Sr		Zinc.......	Zn	33	Mercure...	Hg	100
Baryum....	Ba		Cadmium..	Cd		Palladium.	Pd	
			Uranium...	Ur		Argent....	Ag	108
Magnésium	Mg	12				Platine....	Pt	97,5
Manganèse.	Mn	27,5	Etain......	Sn	59	Iridium....	Ir	96,5
Aluminium.	Al	13,55	Antimoine.	Sb	120	Or........	Au	98,2

Parmi ces noms quelques-uns rappellent une propriété des corps auxquels ils s'appliquent, tels que : hydrogène, chlore, phosphore, etc... ; un grand nombre de métaux portent un nom de forme latine rappelant les corps d'où on les a retirés (en général leurs oxydes), par exemple : le potassium, le sodium, le calcium, l'aluminium, dont les oxydes ont conservé leurs anciens noms : potasse, soude, chaux, alumine.

Quant aux symboles dont l'usage a été introduit par Berzélius, ils sont généralement formés de la première lettre du nom du corps et de l'une des suivantes, de manière que plusieurs corps dont les noms commencent par les deux mêmes lettres ne soient pas désignés de la même façon ; par exemple, carbone, calcium, cadmium. — D'autres sont formés de même par les premières lettres des noms latins ; par exemple : potassium (kalium) ; sodium (natrium), étain (stannum), antimoine (stibium), mercure (hydrargyrum), or (aurum).

13. Sels : acides et bases. — La nomenclature de Lavoisier s'étend aux *composés binaires* et à certains *composés ternaires* que l'on nomme des *sels*.

Un *sel* est un composé défini, généralement cristallisable, formé de deux composés binaires (oxygénés, sauf avis contraire). L'un de ceux-ci est dit la *base* du sel ; l'autre en est l'*acide*.

Les *bases et les acides solubles* dans l'eau se reconnaissent facilement au moyen de divers réactifs dont le plus usité est la teinture de *tournesol*. Cette dissolution naturellement bleue-violacée passe au rouge quand on y ajoute un acide et revient au bleu sous l'influence des bases. On reconnaît ainsi, par exemple, que la potasse et la chaux sont des bases, tandis que le vinaigre est un acide (1).

Un corps qui, bien que soluble dans l'eau, n'agit pas sur le tournesol préalablement rougi par un acide ou bleui par une base est dit *neutre au tournesol*.

1. On peut dire, en général, que si l'on décompose un sel par le courant électrique, l'*acide* va toujours au pôle positif, ou, pour employer le terme usité en électrolyse, il est *électro-négatif*. — On pourra distinguer ainsi l'acide et la base d'un sel quand tous deux sont insolubles dans l'eau. — Notons qu'un corps peut être électro-positif dans certains cas, et électro-négatif dans d'autres ; on dit alors qu'il est *indifférent*.

Ces nouvelles notions nous permettront de distinguer les métaux et les métalloïdes.

On appelle *métal* tout corps qui, en se combinant à l'oxygène, peut former au moins une base. Un *métalloïde* ne peut former avec l'oxygène que des acides ou des corps neutres.

14. Acides oxygénés. — Apprenons à nommer d'abord les composés binaires oxygénés en commençant par les acides.

Quand un corps simple ne forme avec l'oxygène qu'un composé acide, on forme pour le désigner un qualificatif en ajoutant la terminaison *ique* au nom du corps simple. Ainsi l'on dira acide *carbonique*, acide *ferrique*, etc.

Quand un corps simple forme avec l'oxygène deux composés acides, le plus oxygéné est désigné comme ci-dessus; l'autre porte un qualificatif formé de même et terminé en *eux*. Ainsi l'*acide sulfureux* contient moins d'oxygène que *l'acide sulfurique*.

Lorsqu'il y a plus de deux acides oxygénés, l'on se sert des préfixes *hypo* et *per* ou *hyper*. Ainsi l'on connaît 5 acides oxygénés du chlore dont les noms suivent dans l'ordre de l'oxygénation croissante :

Acide hypochloreux
— chloreux
— hypochlorique
— chlorique
— perchlorique

15. Oxydes basiques ou neutres. — Quand un corps simple ne forme avec l'oxygène qu'un composé non acide, on peut le désigner simplement par le nom d'oxyde. Ainsi l'on dit : *oxyde de carbone*, *oxyde de zinc*.

Dans tout autre cas, on ajoute au nom de l'oxyde un préfixe indiquant le nombre d'équivalents d'oxygène combinés à un équivalent de l'autre corps simple. Ainsi l'on dit :

Protoxyde,	lorsqu'il y a	1	équivalent d'oxygène
Sous-oxyde,	—	moins d'1	—

Sesqui-oxyde, lorsqu'il y a 1 1/2 équivalent d'oxygène.
Bi-oxyde, — 2 —
Tri-oxyde, — 3 —
Etc.

Un certain nombre d'oxydes en contiennent $1\frac{1}{3}$; on les appelle oxydes salins, parce qu'ils ont certaine analogie de composition avec les sels. Par exception, les oxydes de potassium, sodium, calcium, etc., ont conservé leurs anciens noms (potasse, soude, chaux).

16. Formules symboliques. — Pour représenter un corps dans l'écriture abrégée, l'on réunit les symboles des corps simples qui le constituent en mettant près de chacun de ces symboles, à la manière des exposants en arithmétique, le nombre d'équivalents du corps qu'il désigne entrant dans le composé. Les formules symboliques expriment la composition du corps qu'elles représentent; on ne peut donc les écrire que lorsque celle-ci est connue.

Ainsi la formule de l'eau HO exprime qu'elle est formée d'un équivalent d'oxygène pour un d'hydrogène (c'est-à-dire 8 grammes du premier pour 1 gramme du second.)

Celle de l'acide carbonique CO^2 rappelle qu'il contient 2 équivalents d'oxygène pour 1 de carbone (c'est-à-dire 16^{gr} du premier pour 6^{gr} du second.)

Enfin celle de la rouille (sesquioxyde de fer : Fe^2O^3) indique qu'elle contient 24^{gr} d'oxygène pour 56^{gr} de fer.

Remarquons ici que pour éviter les exposants fractionnaires on écrit Fe^2O^3 au lieu de $FeO^{1\,1/2}$.

Nous donnerons une idée d'ensemble de la nomenclature des composés oxygénés et de la notation en prenant comme exemple les oxydes du manganèse dont il sera bientôt question.

MnO	protoxyde de manganèse.
Mn^3O^4	oxyde salin de manganèse.
Mn^2O^3	sesqui-oxyde de manganèse, ou acide manganeux.
MnO^2	bi-oxyde de manganèse.
MnO^3	acide manganique.
Mn^2O^7	acide permanganique.

17. Composés binaires non oxygénés. — Pour désigner les composés binaires, en général, on réunit les noms des deux composants en terminant le premier en *ure*. Quand l'un des composants est un métal et l'autre un métalloïde, c'est celui-ci que l'on nomme le premier. Dans tous les cas on met en avant le nom du corps électro-négatif, c'est-à-dire qui va au pôle positif lorsqu'on fait l'électrolyse du composé. Exemples : *chlorure d'argent, sulfure de carbone, carbure d'hydrogène.*

Pour l'écriture symbolique on suit les mêmes règles que précédemment. On observera que l'on écrit toujours le dernier le corps qu'on nomme le premier.

Ainsi l'on dit et l'on écrit :

Protochlorure	de cuivre	$CuCl$
sous-chlorure	—	Cu^2Cl
Protosulfure	de fer	FeS
sulfure salin	—	Fe^3S^4
sesquisulfure	—	Fe^2S^3
bisulfure	—	FeS^2

Par exception, certains corps formés d'hydrogène et d'un métalloïde et jouissant de certaines propriétés des acides sont appelés *acides hydrogénés* ou haloïdes, et l'on fait entrer dans leur nom le radidal *hydr* : par exemple, l'acide *sulfhydrique* (HS), chlorhydrique (HCl), etc.

On remarquera que ces corps en se combinant aux bases ne donnent pas de véritables sels, définis comme plus haut, mais seulement des composés binaires. Ainsi l'acide chlorhydrique et la soude en se combinant forment le chlorure de sodium ($NaCl$), vulgairement appelé sel marin, et non un composé ternaire.

Les combinaisons de métaux connus sous le nom d'*alliages* font aussi exception à la nomenclature. Ainsi l'on dit : alliage de plomb et d'étain, etc. ; ceux qui contiennent du mercure sont dits *amalgames*.

18. Sels. — Les sels oxygénés sont formés de deux

oxydes. Pour les nommer, on énonce d'abord le qualificatif de l'acide que l'on transforme en substantif par le changement des terminaisons *ique* et *eux* en *ate* et *ite*, et l'on y ajoute le nom de la base. Ainsi la potasse forme avec :

L'acide *sulfurique* : le *sulfate* de potasse.
L'acide *sulfureux* : le *sulfite* de potasse.
L'acide *hyposulfureux* : l'*hyposulfite* de potasse.

Quand la base est un protoxyde, on néglige généralement ce dernier mot et l'on dit, par exemple : *sulfate de fer* au lieu de *sulfate de protoxyde de fer*. Dans tout autre cas la base doit être nommée entièrement; on dira donc, par exemple, *sulfate de sesquioxyde de fer*.

Un acide et une base peuvent former plusieurs sels ; pour les distinguer on ajoute au nom de l'acide les préfixes proto, sesqui, bi, etc.

La *formule d'un sel* s'obtient en écrivant d'abord la formule de la base, puis celle de l'acide, en faisant précéder l'une et l'autre d'un chiffre qui exprime combien d'équivalents de chacun sont entrés en combinaison. On sépare ordinairement les deux parties par une virgule. Ainsi l'on dit et l'on écrit :

Proto - carbonate de soude		NaO,CO^2
Sesqui-	—	$2\,NaO,3\,CO^2$
Bi-	—	$NaO,2\,CO^2$

Nous verrons plus loin que deux composés binaires de même genre, deux sulfures ou deux chlorures, par exemple, peuvent former en s'unissant de véritables sels. On les nomme comme les sels oxygénés, en mettant en avant le nom du métalloïde qui remplace l'oxygène.

Ainsi le sulfure de carbone (CS^2) et le sulfure de sodium (NaS) forment le *sulfocarbonate* de soude (NaS,CS^2), analogue au carbonate de soude (NaO,CO^2).

10. Cristaux. — On nomme cristaux des solides de forme géométrique définie terminés par des faces planes parallèles deux à deux.

Un grand nombre de corps peuvent en passant à l'état solide prendre de pareilles formes. Le plus souvent on ne les reconnaît pas au dehors ; mais la substance se divise sous le choc d'un marteau suivant un petit nombre de directions planes que l'on appelle des *clivages*, et l'on peut, en opérant avec précaution, tailler ainsi des cristaux. On dit alors que le corps a une *structure cristalline*. Une substance est *amorphe* lorsqu'elle n'offre jamais une pareille structure.

On a pu grouper toutes les formes cristallines observées autour de *six types* caractérisant autant de *systèmes cristallins*. Dans chacun de ceux-ci toutes les formes secondaires peuvent être dérivées du type par certaines modifications géométriques que l'on voit se produire dans la nature, tandis qu'il est impossible de passer par la même voie d'une forme quelconque à une autre d'un système différent.

20. Polymorphisme. Isomorphisme. — On dit qu'un corps est *dimorphe* ou *polymorphe*, lorsqu'il peut présenter deux ou plusieurs formes cristallines incompatibles, appartenant, par exemple, à des systèmes différents.

Deux corps sont *isomorphes* lorsqu'ils cristallisent dans le même système et peuvent cristalliser ensemble en toutes proportions. L'isomorphisme est le caractère d'une grande ressemblance chimique.

Ainsi l'alun ordinaire et l'alun de chrome, par exemple, l'un incolore et l'autre violet, donnent dans une dissolution commune des cristaux d'autant plus colorés que la dissolution contient plus du second. Au contraire, si l'on mélange les dissolutions suffisamment concentrées de sulfate de soude et de sulfate de cuivre, les deux sels peuvent cristalliser à la fois, mais en formant des cristaux distincts, les uns incolores, les autres bleus. Ces deux sulfates ne sont pas isomorphes.

Lorsqu'un corps simple présente des variétés très différentes par leurs propriétés tant physiques que chimiques, ces variétés sont dites *allotropiques*.

Plusieurs substances peuvent avoir même composition sans être identiques ; on les dit alors *isomères*.

CHAPITRE PREMIER

L'EAU, L'AIR ET LEURS ÉLÉMENTS

21. Composition de l'eau et de l'air. — L'eau et l'air étaient, ainsi que la terre et le feu, désignés par les anciens sous le nom d'éléments. Ce mot, généralement employé aujourd'hui comme synonyme de corps simple, ne s'applique ni à l'eau ni à l'air qui sont constitués chacun par deux corps simples combinés ou mélangés.

Nous avons déjà vu en effet (§ 4) que l'eau est formée par deux éléments gazeux, l'hydrogène et l'oxygène combinés avec un vif dégagement de chaleur.

Maintenus à une température convenable au contact d'une quantité limitée d'air, la plupart des métaux se transforment en *oxydes* que l'on appelait autrefois *chaux métalliques*, à cause de leur aspect plus ou moins terreux.

Le gaz résiduel est impropre à la combustion : c'est l'azote ou air irrespirable; le métal a absorbé l'autre élément de l'air, l'oxygène ou air vital des anciens.

22. Expérience de Lavoisier. — Ce résultat fut bien établi pour la première fois par Lavoisier. Dans une expérience mémorable, il chauffa du mercure dans un matras à long col recourbé communiquant avec une éprouvette graduée placée sur la cuve à mercure et contenant de l'air ainsi que le matras (*fig.* 3). Avant de commencer à chauffer, il eut le soin d'aspirer avec une pipette une partie de l'air de l'éprouvette; le mercure s'éleva à une certaine hauteur au dessus du niveau dans la cuve (1), et il détermina le volume

1. Sans cette précaution l'air eût pu s'échapper de l'éprouvette en refoulant le mercure par suite de la dilatation du gaz; de plus il eût fallu maintenir l'éprouvette.

et la pression du gaz enfermé dans l'appareil. Le mercure fut alors porté à une température voisine de son point d'ébullition (300 à 350°) et y fut maintenu pendant douze jours. Il se couvrit de pellicules rouges d'oxyde de mercure qui augmentèrent visiblement jusque vers le huitième jour. L'expérience terminée et l'appareil revenu à la température ordinaire, Lavoisier constata que le volume et la pression avaient diminué et il en conclut que la cinquième partie environ

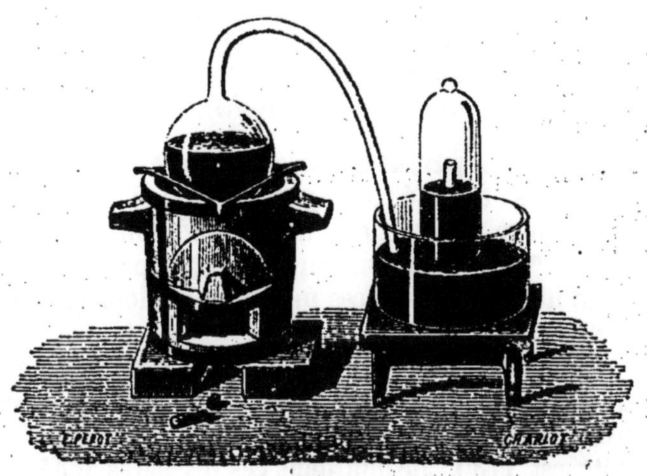

Fig. 8.

de l'air avait disparu. Le gaz restant était de l'azote. Il rassembla ensuite les pellicules rouges et les chauffa dans une très petite cornue de verre; il recueillit, en volume précisément égal à celui qui avait disparu dans l'expérience précédente, le gaz que nous allons étudier sous le nom d'oxygène. Il constata d'ailleurs qu'en mélangeant cet oxygène avec l'azote resté d'autre part, on obtenait l'air ordinaire avec toutes ses propriétés.

Cette double expérience constitue l'analyse et la synthèse de l'air et nous le montre formé de deux gaz, l'azote et l'oxygène, mélangés dans le rapport de 4 à 1.

Avant d'achever l'étude de l'air et de l'eau nous allons faire connaître leurs éléments.

OXYGÈNE

Symbole O. — Equiv[t] en poids : 8, et en vol. : 1.

23. Historique. — Le gaz oxygène fut découvert en 1774 à la fois par Scheele en Suède et Priestley en Angleterre. Peu après, Lavoisier, sans avoir connaissance de leurs travaux, établit l'existence dans l'air de ce principe gazeux dont il fit connaître les principales propriétés et le rôle dans les phénomènes de la combustion et de la respiration. Après avoir reconnu l'existence de ce corps dans un grand nombre d'acides, il le nomma oxygène (ὀξύς-γεννάω).

24. Propriétés physiques. — Ce gaz est un peu plus lourd que l'air ; sa densité par rapport à celui-ci est 1,1056 ; le poids d'un litre d'oxygène dans les conditions normales (savoir 0°,760^{mm}) s'obtient donc en multipliant par ce nombre le poids d'un litre d'air dans ces mêmes conditions (1^{gr},293) ce qui donne 1^{gr},43.

Il est peu soluble dans l'eau ; un litre de ce gaz ne se dissout que dans 30 litres d'eau à la température ordinaire (15° environ), ce que l'on exprime en disant que son coefficient de solubilité est 1/30. Jusque dans ces dernières années ce gaz n'avait pu être liquéfié. M. Cailletet (1) put montrer le pre-

1. M. Cailletet put liquéfier tous les gaz au moyen de la disposition suivante et amener au moins à l'état d'épais brouillard les 7 gaz réputés *permanents* savoir : l'oxygène, l'hydrogène, l'azote, le bioxyde d'azote, l'oxyde de carbone, le formène et l'acétylène. Un tube-éprouvette en verre très épais et contenant le gaz à expérimenter plonge (*fig.* 4) dans le mercure enfermé dans un fort cylindre en acier fondu. Au-dessus du mercure est de l'eau que l'on injecte au moyen d'une petite pompe à piston plongeur. A la pression de 75 atmosphères le gaz n'occupe plus que la partie supérieure presque capillaire du tube que l'on a entourée d'eau froide ou d'un refrigérant. A 300 atmosphères il n'en occupe plus que quelques centimètres. Après avoir attendu que la chaleur dégagée par la compression se soit dissipée, on laisse écouler rapidement l'eau : le gaz se détend et passe à l'état de brouillard, mais pour reprendre bien vite l'état gazeux.

La figure 4 représente à gauche la cuve à mercure et l'éprouvette entourée d'un manchon de verre pour éviter la projection en cas de rupture du tube et à droite la pompe hydraulique avec son manomètre métallique et ses robinets à vis.

mier, en 1877, l'oxygène passant à l'état de brouillard épais lorsqu'après l'avoir comprimé à 300 atmosphères à la température ordinaire on cesse brusquement d'exercer sur lui cette pression énorme. La *détente* subite du gaz peut abaisser sa température jusque vers — 230°.

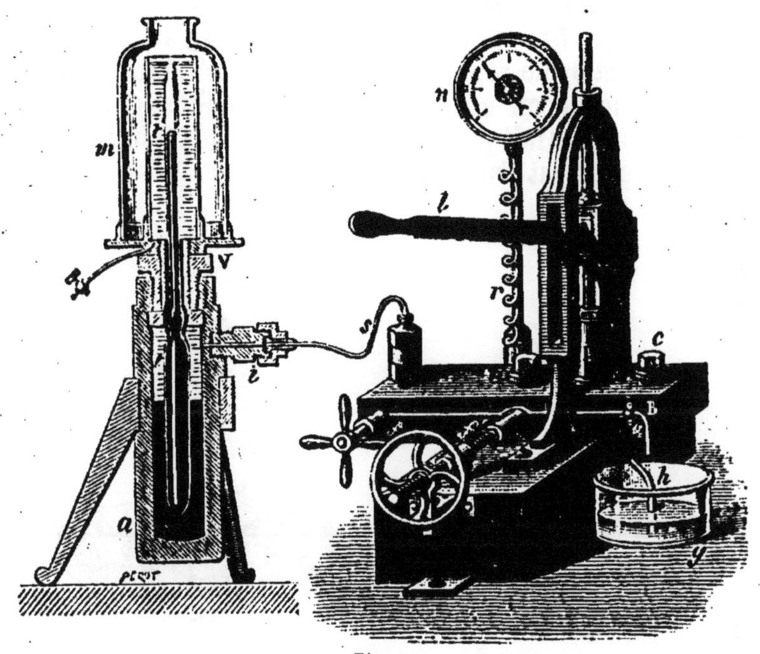

Fig. 4.

On peut obtenir l'oxygène liquide en soumettant le gaz à un froid de — 140° et à la pression d'environ 22 atmosphères. L'oxygène liquide est incolore; il bout à — 184° sous la pression atmosphérique.

25. Propriétés chimiques. — L'oxygène se reconnaît à ce qu'il rallume vivement une allumette ne présentant plus que quelques points rouges. Cette expérience peut se répéter un grand nombre de fois dans la même éprouvette de gaz; elle est généralement accompagnée d'une petite explosion due aux gaz combustibles apportés par l'allumette au milieu de l'oxygène. Ce gaz joue un rôle important dans les combustions ainsi qu'il ressort des expériences suivantes.

I. Combustions vives. — 1° Dans un flacon à large goulot, rempli d'oxygène, on introduit un morceau de charbon de bois (un bâton de fusain) dont quelques points ont été portés au rouge (*fig.* 5). En pénétrant dans l'oxygène le charbon s'enflamme et brûle rapidement. Lorsqu'il s'éteint, le gaz qui reste dans le flacon est impropre à la combustion, trouble l'eau de chaux et fait passer au rouge vineux la teinture bleue de tournesol ; c'est l'acide carbonique.

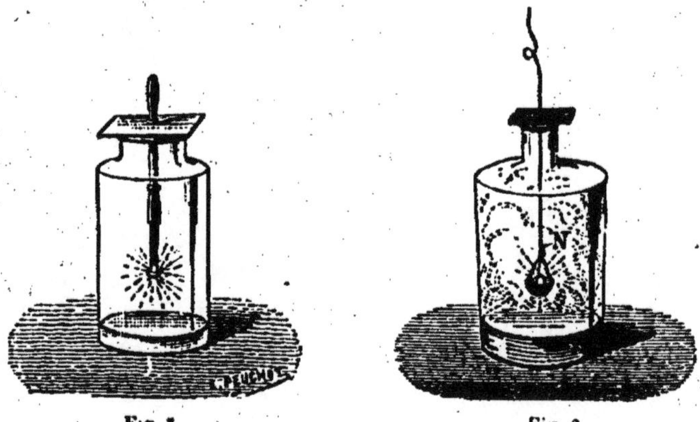

Fig. 5. Fig. 6.

2° Un morceau de soufre contenu dans une coupelle et enflammé à l'avance, brûle dans l'oxygène avec une flamme bleue assez vive (*fig.* 6). La combustion terminée, le flacon est rempli de gaz acide sulfureux, d'une odeur suffocante, impropre à la combustion et qui rougit fortement la teinture de tournesol.

3° Le phosphore simplement fondu s'enflamme au contact de l'oxygène et brûle avec une flamme très éblouissante en produisant des flocons blancs d'acide phosphorique qui rougissent fortement la teinture de tournesol.

4° Dans une cloche remplie d'oxygène et reposant sur une

assiette couverte d'eau (*fig.* 7) on suspend une lame d'acier tournée en hélice et portant à son extrémité un petit morceau d'amadou que l'on allume à l'avance. Amené au rouge par la combustion rapide de l'amadou, le métal se transforme avec incandescence en oxyde de fer dit magnétique ou salin (Fe^3O^4) dont les globules creux s'incrustent sur le fond de l'assiette. Dans cette expérience on remarque des étincelles multiples dues au carbone que contient l'acier : l'acide carbonique formé fait éclater les gouttelettes du fer en fusion dont les parcelles brûlent ensuite dans l'oxygène, comme cela se produit dans l'air lorsque le forgeron martelle une barre de ce métal chauffée à blanc. — On remarque que la cloche se couvre de rouille (sesquioxyde de fer hydraté $Fe^2O^3, 3HO$) produite par l'union, à une température moins élevée, du fer volatilisé avec l'oxygène et l'eau.

Fig. 7.

5° Enfin un fil de magnésium brûle avec beaucoup d'éclat dans l'oxygène et se transforme en magnésie (MgO) qui ramène au bleu la teinture de tournesol rougie par un acide.

Ces phénomènes d'oxydation (combinaison des corps avec l'oxygène) peuvent se produire dans l'air mais avec moins de vivacité, parce que l'oxygène y est mélangé à une grande quantité d'azote qui tempère l'action et absorbe une partie de la *chaleur de combustion.*

II. Combustions lentes. — La combinaison peut devenir tellement lente que la chaleur dégagée, se dissipant au fur et à mesure de sa production, ne se manifeste plus.

De semblables phénomènes sont depuis Lavoisier désignés sous le nom de *combustions lentes* par rapport aux précédents qui portent le nom de *combustions vives.* Citons comme exemple l'oxydation du phosphore, du potassium et même du fer, quoique ce dernier phénomène soit complexe. On emploie souvent aujourd'hui le mot de combustion comme synonyme de combinaison avec dégagement de chaleur, et l'on dit par exemple que le cuivre brûle dans le chlore ou la vapeur de soufre (§ 4).

III. Respiration. — Lavoisier montra dès 1777 que la respiration pouvait être assimilée à la combustion lente du carbone avec production d'acide carbonique. Mais il se trompa sur le siège de ce phénomène qu'il plaça dans les poumons. C'est dans les éléments organiques, dans les cellules, que se passent, aux dépens des substances introduites dans le sang par l'alimentation, les phénomènes très complexes d'assimilation qui constituent la vie organique et dont le résultat thermique est la production de la chaleur animale. Le phénomène d'hématose qui siège dans les poumons consiste en l'introduction de l'oxygène de l'air dans le sang, dont il n'est séparé que par une mince couche d'épithélium, et le rejet en sens contraire de l'acide carbonique, un des produits principaux de la désassimilation.

26. Préparation. — On prépare l'oxygène dans les laboratoires par les deux procédés suivants :

I. Par le bioxyde de manganèse. — C'est en calcinant ce produit naturel assez commun que Schèele découvrit l'oxygène. On peut obtenir ainsi à bon compte de grandes quantités de ce gaz.

On remplit aux trois quarts de l'oxyde finement concassé une cornue de grès ou de terre réfractaire, que l'on met dans un fourneau à réverbère après y avoir adapté un tube abducteur de sûreté (*fig.* 8). Sur la grille de ce fourneau on met quelques charbons ardents et l'on achève de le remplir avec des charbons noirs qui s'allument peu à peu et amènent progressivement la cornue au rouge vif.

L'air de la cornue s'est dégagé en majeure partie par suite de la dilatation et les dernières portions sont entraînées lorsque l'oxygène commence à se dégager.

Lorsque le gaz est à peu près pur (ce que l'on reconnaît à ce qu'il rallume une allumette presque éteinte) on le recueille sur la cuve à eau, ou bien on le dirige dans le *gazomètre* où il est tenu en réserve.

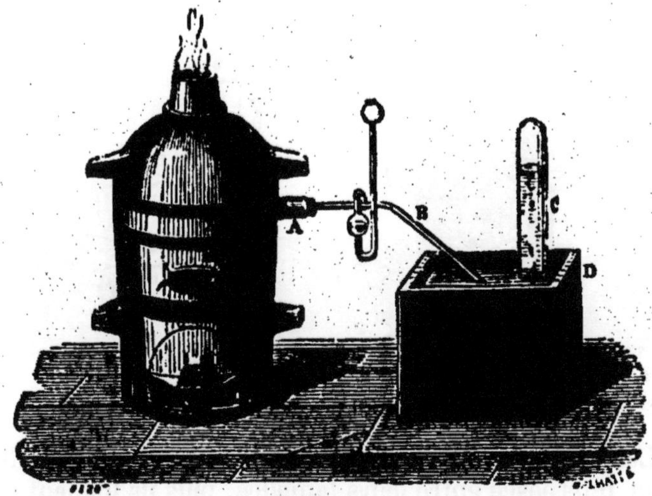

Fig. 8.

Dans cette opération le bioxyde de manganèse (MnO^2) a perdu le tiers de son oxygène et s'est transformé en oxyde brun dit oxyde salin (Mn^3O^4), — ce que l'on peut écrire symboliquement de la manière suivante :

$$3 MnO^2 = Mn^3O^4 + 2 O.$$

1 kilogramme de bioxyde de manganèse du commerce peut fournir 60 litres d'oxygène.

Le gaz ainsi préparé n'est jamais pur ; il contient de l'acide carbonique provenant des carbonates de chaux, etc., qui accompagnent le bioxyde naturel, et un peu d'azote provenant de petites quantités d'azotates. On peut enlever le premier de ces gaz en agitant dans le flacon un peu de potasse en dissolution, mais on ne peut se débarrasser de l'azote.

II. Par le chlorate de potasse. — On obtient rapidement de l'oxygène pur, en chauffant modérément au moyen d'un fourneau à main ou d'un bec de gaz, du chlorate de potasse contenu dans une cornue de verre (*fig.* 9).

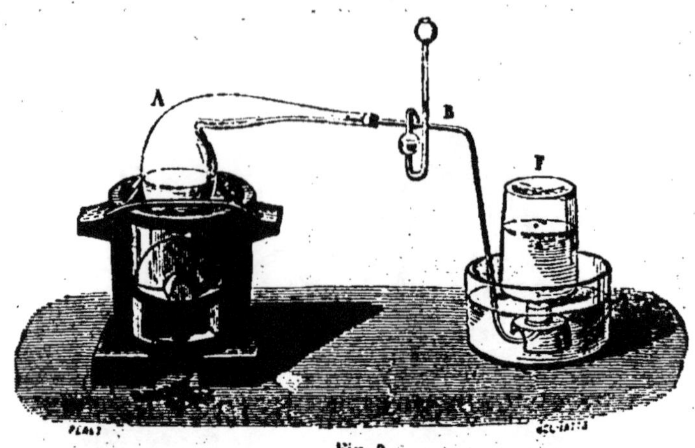

Fig. 9.

Les cristaux se désagrègent d'abord en laissant échapper l'eau interposée entre leurs lamelles, puis ils fondent et laissent dégager de l'oxygène ; le phénomène est tout à fait analogue à l'ébullition. Le chlorate perd d'abord le tiers de son oxygène : la moitié du chlorate passe à l'état de chlorure de potassium en abandonnant tout son gaz ; l'autre moitié se combine avec une partie de celui-ci pour former du perchlorate de potasse plus stable que le chlorate. C'est ce que l'on peut écrire ainsi :

$$2KO,ClO^5 = 4O + KCl + KO,ClO^7.$$

Alors la masse s'épaissit, et pour décomposer à son tour le perchlorate il faut élever la température jusqu'au ramollissement du verre ordinaire. En se servant d'une cornue de verre réfractaire on peut achever la réaction et obtenir tout l'oxygène du chlorate ; il ne reste que du chlorure de potassium.

De la relation entre les quantités de chlorate employé et d'oxygène produit

$$KO,ClO^5 = 6O + KCl$$

il résulte qu'avec 30 grammes du premier on peut obtenir 10 litres de gaz.

Il faut éviter d'en employer une plus grande quantité ; car le chlorate de potasse appartient à la catégorie des corps explosifs et toute la masse peut, dans certaines conditions, se décomposer avec tant de rapidité que la pression développée dans l'appareil le fasse éclater. — On remarquera que la décomposition se continue encore quelque temps après que l'on a enlevé le fourneau : la chaleur dégagée par la réaction elle-même suffit pour entretenir la température convenable.

Pour faciliter la décomposition, on mêle au chlorate de potasse certains corps pulvérulents ou poreux, tels que les oxydes de cuivre, de fer, de manganèse, ordinairement le bioxyde ou mieux l'oxyde salin de manganèse (1). Ces oxydes introduisent, au contact des cristaux, une infinité de petites bulles d'air dans lesquelles se diffuse l'oxygène, comme le fait la vapeur d'eau dans l'expérience de M. Gernez relative à l'ébullition. Aussi la décomposition du chlorate est-elle complète à une température inférieure à son point de fusion.

APPENDICE

27. — Un grand nombre de réactions sont accompagnées d'un dégagement d'oxygène, mais ne peuvent être considérées comme des *préparations* économiques de ce gaz. On peut citer :

1° L'action de l'acide sulfurique sur le bioxyde de manganèse :

$$MnO^2 + SO^3HO = O + MnO,SO^3 + HO.$$

2° L'action de ce même acide sur le bichromate de potasse (il se forme de l'alun de chrome) :

$$KO,2CrO^3 + 4(SO^3HO) = 3O + (KO,SO^3 + Cr^2O^3,3SO^3) + 4HO.$$

3° La décomposition de l'hypochlorite de chaux à l'ébullition en présence du sesquioxyde de cobalt :

$$CaO,ClO = 2O + CaCl.$$

1. On ne saurait trop recommander dans le premier cas de calciner d'abord l'oxyde afin de faire disparaître à l'état d'acide carbonique le charbon que l'on y introduit souvent par fraude en même temps que de la craie, ou qui s'y trouve à l'état de matières organiques.

4° La décomposition de l'oxyde de mercure par la chaleur :

$$HgO = Hg + O.$$

28. Extraction de l'oxygène de l'air. — En vue de l'application de l'oxygène à l'éclairage public (voir *lumière de Drummond*) on imagina divers procédés économiques pour extraire ce gaz de l'air atmosphérique. Nous en citerons trois qui ont donné de bons résultats.

1° Procédé Boussingault. — On fait passer un courant d'air dans un tube de porcelaine chauffé au rouge sombre, et contenant de la baryte (BaO — oxyde de baryum analogue à la chaux). Celle-ci absorbe l'oxygène et se transforme en bioxyde de baryum (BaO^2); l'azote se dégage. Lorsque l'oxygène cesse d'être absorbé, on interrompt l'arrivée de l'air et l'on porte le tube au rouge vif. A cette température le bioxyde de baryum abandonne l'oxygène qu'il avait absorbé et la baryte est régénérée. Cette méthode semble n'exiger d'autre dépense que celle du combustible; mais la baryte se désagrège peu à peu et perd sa porosité; au bout d'une vingtaine d'opérations, il faut renouveler ce produit qui est assez coûteux.

2° Procédé Tessié du Mothay. — L'oxygène de l'air est aussi facilement absorbé par un mélange d'oxyde de manganèse et de soude qui se transforme au rouge sombre en manganate de soude :

$$NaO + MnO^2 + O = NaO,MnO^3.$$

A la même température, un courant de vapeur d'eau décompose le manganate formé en oxygène qui se dégage, et un mélange de soude et d'oxyde de manganèse que l'on peut transformer presque indéfiniment en manganate.

L'oxygène est ainsi obtenu à très bas prix.

3° Procédé Sainte-Claire-Deville et Debray. — Dans une cornue de platine portée au rouge vif et contenant des fragments de porcelaine destinés à augmenter la surface de chauffe (*fig.* 10) on fait couler goutte à goutte de l'acide sulfurique du commerce (on verra plus loin comment celui-ci est formé au moyen du soufre et de l'oxygène de l'air). Cet acide est décomposé en acide sulfureux, oxygène et eau :

$$SO^3HO = SO^2 + O + HO.$$

Celle-ci se condense dans un serpentin avec un peu d'acide non décomposé. Les gaz traversent ensuite une dissolution de soude qui absorbe l'acide sulfureux. Il se forme du bisulfite de soude que l'on transforme en un produit commercial important, l'hyposulfite de soude, et l'oxygène se rend dans un gazomètre.

29. Ozone. — M. Schœnbein observa en 1840 que l'oxygène dégagé au pôle positif d'un voltamètre avait une odeur forte particulière. Il attribua cette odeur à un corps nouveau qu'il nomma ozone (ὄζη, odeur). Van Marum avait déjà remarqué en 1786 que l'air qui entoure une machine électrique en activité acquiert cette même propriété.

Fig. 10.

On produit facilement aujourd'hui l'oxygène odorant ou ozonisé en dirigeant l'effluve electrique de la bobine dite de Rhumkorff, au travers d'un tube dans lequel passe un courant lent d'oxygène. Après cette opération, l'oxygène peut contenir jusqu'à 20 °/₀ d'*ozone*, qu'il faut considérer comme de l'oxygène condensé dont la densité serait 1 fois 1/2 celle de l'oxygène ordinaire.

C'est ce que l'on exprime en disant que l'ozone est une modification *allotropique* de l'oxygène. Il est bleu et se liquéfie bien plus facilement que ce dernier.

L'ozone est un oxydant bien plus énergique que l'oxygène ; à la température ordinaire, il oxyde le mercure, transforme l'iodure de potassium en iodate de potasse, etc.

L'ozone se détruit et repasse à l'état d'oxygène ordinaire à 100°, ou au simple contact de certains corps pulvérulents tels que le charbon, le bioxyde de manganèse, etc.

HYDROGÈNE

H. — Equiv[t] : 8; vol. : 2.

30. Propriétés physiques. — L'hydrogène, découvert et étudié par Cavendish (1777), est un gaz incolore, inodore et sans saveur. C'est le plus léger de tous les gaz : sa densité par rapport à l'air est 0,0693. (Il est 14 fois 1/2 plus léger que l'air; 1 litre pèse 0gr,09). Grâce à cette propriété, des bulles de savon gonflées de ce gaz s'élèvent rapidement dans l'atmosphère.

On peut transvaser l'hydrogène d'une éprouvette A dans une autre B pleine d'air (*fig.* 11) en les plaçant d'abord verticalement l'une près de l'autre et inclinant la première jusqu'à la renverser au dessous de la deuxième ; une bougie approchée de celle-ci y met le feu avec une faible explosion due à ce qu'il y est resté de l'air.

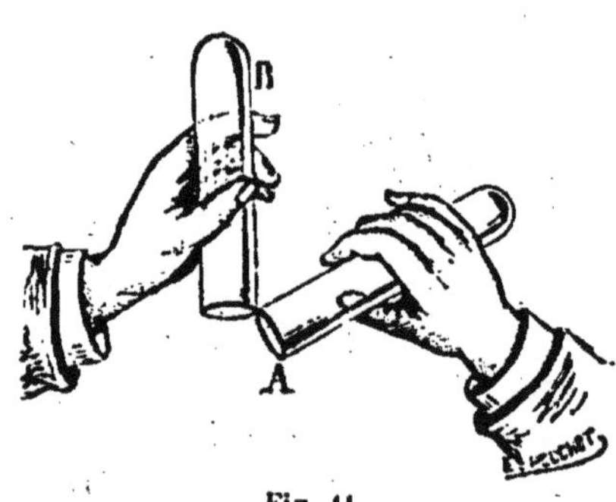

Fig. 11.

Cette légèreté rendrait l'hydrogène très avantageux pour le gonflement des ballons s'il n'exigeait l'emploi d'enveloppes spéciales parfaitement imperméables; car en raison de cette légèreté même il traverse plus facilement que tout autre gaz les membranes ou les parois poreuses (1). C'est ce que l'on exprime en disant que l'hydrogène est très *osmotique*.

1. Il résulte en effet des travaux de M. Graham que la vitesse d'écoulement d'un gaz au travers d'un orifice percé en mince paroi est inversement proportionnelle à la racine carrée de sa densité. L'hydrogène, par exemple, étant 16 fois plus léger que l'oxygène passera quatre fois plus vite que lui. Ajoutons toutefois que la loi de Graham n'est pas absolument applicable ici.

On met en évidence cette propriété au moyen d'une expérience due à H. Debray (*fig.* 12) : un vase poreux A (en porcelaine dégourdie, tel que ceux qui entrent dans les piles à deux liquides) est bien fermé par un bouchon que traverse un tube recourbé BC. On a mis dans celui-ci un liquide coloré qui se tient à la même hauteur de chaque côté en B et C. On recouvre le vase A d'une cloche pleine d'hydrogène et l'on voit immédiatement le niveau s'abaisser en B' et s'élever d'autant en C'. L'augmentation de pression mesurée par la colonne B'C' du liquide est due à ce que l'hydrogène a pénétré dans le vase beaucoup plus vite que l'air n'en est sorti. La cloche enlevée, l'hydrogène contenu maintenant en A s'échappe plus vite que l'air ne rentre et un vide partiel s'y produit, manifesté par une différence de niveau en sens contraire. Au bout d'un certain temps le liquide revient en BC.

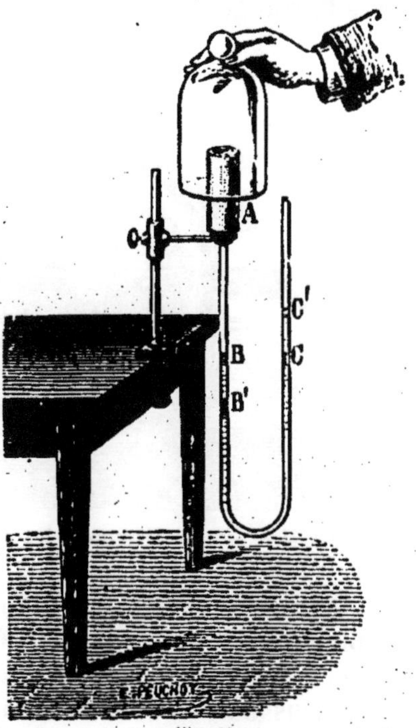

Fig. 12.

H. Deville a montré que l'hydrogène traverse même le platine et le fer aux températures élevées. Deux tubes concentriques (*fig.* 13), l'un intérieur A en platine, l'autre extérieur ou annulaire B en porcelaine vernie, sont placés dans un fourneau à réverbère. On fait passer dans le premier un courant d'hydrogène, dans le deuxième de l'acide carbonique et l'on recueille séparément les deux gaz. Aux températures élevées l'acide carbonique sortant du tube B contient beaucoup d'hydrogène. On le constate en recueillant le gaz sur une dissolution de potasse qui absorbe l'acide carbonique et laisse l'hydrogène (1).

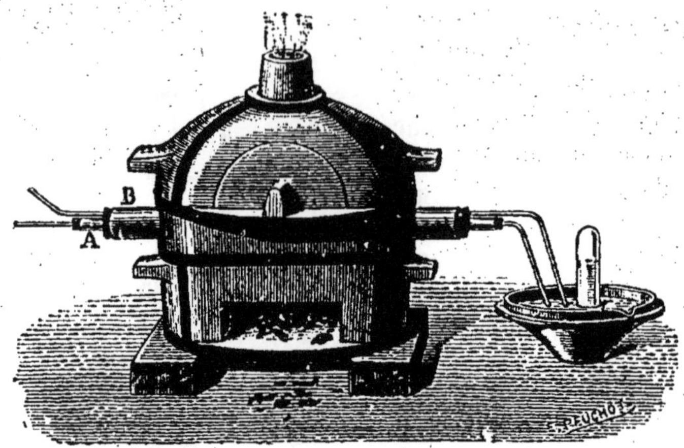

Fig. 13. — L'hydrogène traverse le platine aux températures élevées.

L'hydrogène est très peu soluble dans l'eau, son coefficient de solubilité est environ 1/60. C'est de tous les gaz le plus difficile à liquéfier. Il faut abaisser pour cela la température au dessous de — 150° et comprimer le gaz vers 600 atmosphères. En laissant échapper brusquement dans l'air l'hydrogène liquide, M. Pictet a cru reconnaître qu'il se solidifiait partiellement et rendait, en touchant le sol, un son métallique.

L'hydrogène est encore de tous les gaz celui qui conduit

1. On peut rapprocher de ces faits une expérience très intéressante de M. Cailletet. Comme nous l'avons vu plus haut, cette propriété osmotique est partagée par tous les gaz à des degrés divers suivant leur densité. M. Cailletet souda très intimement, sauf en leur milieu, en les martelant au rouge vif, deux plaques de fer de $0^m,004$ d'épaisseur. Il les porta ensuite dans le foyer d'une forge en activité où il existe des quantités notables de gaz légers et particulièrement d'hydrogène, et vit les deux plaques se séparer dans la partie non soudée, pour former une grosse boursouflure qu'il faut attribuer au passage des gaz à travers le métal. Si l'on donne en effet un coup de poinçon dans l'une de ces boursouflures, il se produit un jet de gaz que l'on peut enflammer en approchant une bougie. Cette expérience rend compte des soufflures que présente l'acier insuffisamment martelé.

le mieux la chaleur. On met en évidence son *pouvoir refroidissant* considérable en répétant l'expérience suivante due à M. Magnus. Sur un fil de platine amené à l'incandescence par un courant électrique on fait descendre une éprouvette remplie d'hydrogène (*fig.* 14; après avoir enflammé le gaz au contact de l'air, le fil cesse immédiatement de rougir; il reprend son éclat lorsque l'éprouvette a été enlevée. Aucun gaz ne peut remplacer l'hydrogène dans cette expérience : lui seul peut enlever la chaleur à mesure qu'elle est développée par le courant (1).

Fig. 14. — Pouvoir refroidissant.

31. Propriétés chimiques. — L'hydrogène pur brûle au contact de l'air avec une flamme à peine visible mais très chaude; il se produit de la vapeur d'eau. Cette flamme devient très éclairante lorsqu'elle contient des matières solides en suspension. C'est ce qui arrive lorsqu'on fait passer le gaz au travers d'un tampon de coton imbibé de benzine ou d'une autre substance riche en carbone (*fig.* 15).

Une bougie introduite dans une éprouvette d'hydrogène tenue l'orifice en bas s'y éteint après avoir enflammé le gaz, et se rallume lorsqu'on la sort lentement (*fig.* 16).

Le mélange d'hydrogène et d'oxygène ou d'air en proportions convenables détone au rouge. On fait ordinairement l'expérience en approchant une bougie d'une éprouvette remplie de ce mélange. L'explosion est la plus violente

1. La majeure partie de cet effet est due à la grande mobilité des molécules d'hydrogène; il y a *convection*, suivant l'expression de M. Tyndall, et non *conduction* ou conductibilité proprement dite, d'après la définition que l'on en donne en physique.

lorsque l'hydrogène est en volume double de l'oxygène (1); car dans ces conditions la combustion est complète et il ne reste aucun gaz dans l'éprouvette après la condensation de

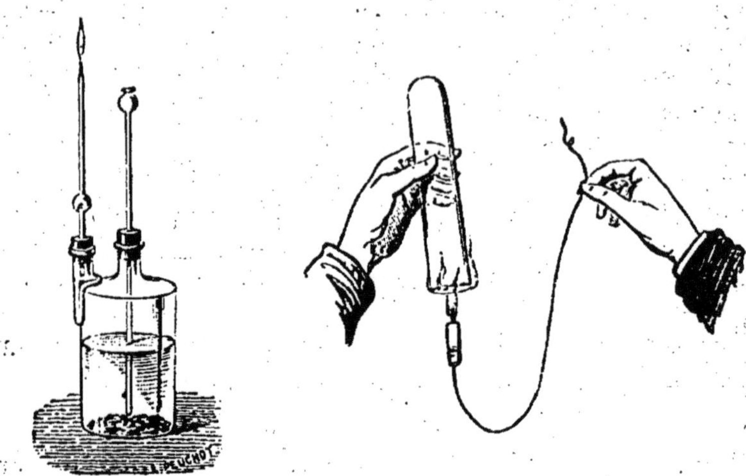

Fig. 15. — Production d'une flamme éclairante au moyen de l'hydrogène.

Fig. 16.

la vapeur d'eau produite. Des bulles de savon gonflées de ce mélange s'élèvent dans l'air et éclatent à l'approche d'une bougie (*fig.* 17).

On peut aussi enflammer ce mélange en y introduisant un morceau d'éponge de platine bien sèche (*fig.* 18). Cette substance condense dans ses pores, en raison de leur nombre et de leur extrême finesse, plus de mille fois son volume

1. La vapeur d'eau formée par la combinaison des deux gaz, se trouvant portée à une très haute température par la chaleur dégagée dans leur réaction, tend à occuper un volume considérable et refoule vivement l'air. On remarque en effet que la bougie qui a mis le feu au mélange s'éteint souvent. La vapeur d'eau se condense rapidement et l'air rentre brusquement dans l'éprouvette. Ce double choc constitue le bruit de la détonation. Il est clair que celle-ci sera moins vive si l'on ajoute au *mélange tonnant* une certaine quantité de *gaz inerte* ou un *excès* de l'un des gaz, qui, absorbant de la chaleur sans contribuer à en produire, abaisseront la température finale des produits de la combustion.

d'hydrogène et d'oxygène. Cette opération dégage assez de chaleur pour déterminer la combinaison des gaz dont le contact est rendu si intime. On voit un nuage de vapeur d'eau se former autour de l'éponge, celle-ci rougit et une explosion a lieu, bien plus violente que la précédente : il fau l'attribuer à ce que, l'inflammation se propageant à partir du milieu de l'éprouvette dans les deux sens à la fois, la com-

Fig. 17. Fig. 18.

bustion a lieu dans un temps deux fois plus court que tout à l'heure. Il est prudent de n'employer qu'une petite éprouvette à parois très épaisses et d'entourer d'un linge l'extrémité que l'on tient à la main.

L'hydrogène est un *réducteur* puissant, c'est-à-dire qu'il déplace un grand nombre de métaux de leurs combinaisons avec l'oxygène, le soufre, le chlore, etc. : il s'unit lui-même avec ces corps pour mettre le métal en liberté. Pour le montrer, on met de l'oxyde de cuivre dans un tube de verre que l'on chauffe légèrement au moyen d'une lampe à alcool et l'on y fait passer un courant d'hydrogène (*fig.* 19); on voit se dégager de la vapeur d'eau, et bientôt il ne reste dans ce tube que du cuivre facile à distinguer, par sa couleur rouge, de l'oxyde qui était noir. De la même manière, à une température un peu plus élevée on peut réduire les divers oxydes de fer. Si la température n'a pas dépassé 300°, le fer très divisé que l'on obtient produit une véritable pluie de feu lorsqu'on le projette dans l'air; il est dit *pyrophorique*. La calcination lui fait perdre cette propriété.

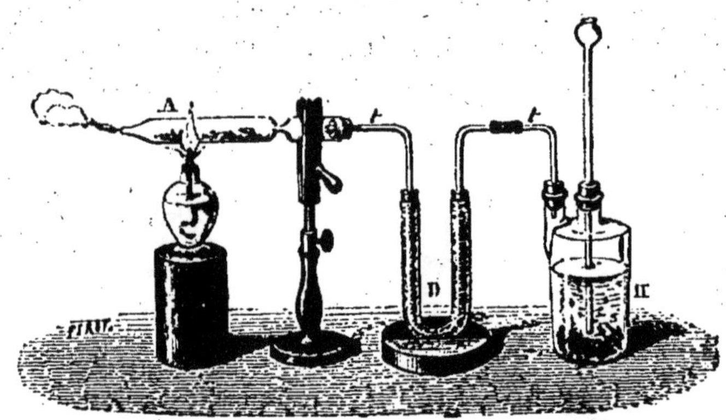

Fig. 19. — Réduction des oxydes par l'hydrogène.

32. Alliages d'hydrogène. — Certains métaux peuvent se combiner à l'hydrogène, ainsi que M. Graham l'a découvert pour le palladium. Prenons pour électrode négative d'un voltamètre, une lame de ce métal dont l'une des faces a été vernie (*fig.* 20). L'hydrogène qui se porte au pôle négatif s'y combine au métal; celui-ci augmente de volume du côté non verni et la lame se contourne en cercle, la face vernie à l'intérieur. Il se forme un composé comparable aux alliages (Pa^2H). Ce composé peut dissoudre une grande quantité d'hydrogène; lorsqu'il en est saturé, ce gaz se dégage. Si l'on renverse le courant, l'oxygène se porte d'abord sur l'hydrogène combiné à l'électrode ou dissous par elle et l'on voit la lame se courber en sens contraire. On connaît plusieurs composés analogues tels que K^2H, Na^2H (Troost) et Cu^2H (Wurtz).

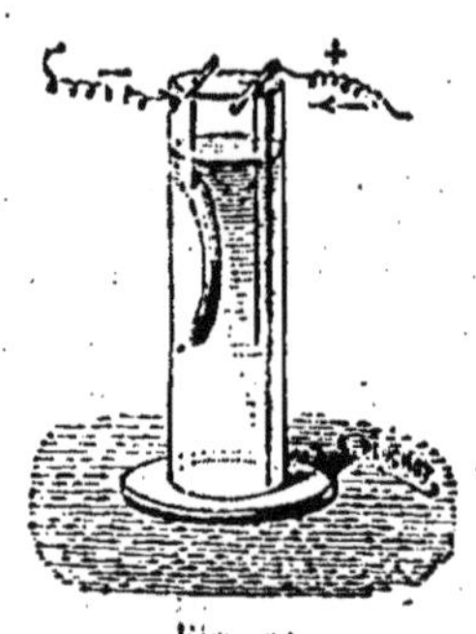

Fig. 20. Éprouvette servant de voltamètre.

33. Préparation. — I. Pour préparer l'hydrogène dans les laboratoires on traite ordinairement le zinc du commerce par l'acide sulfurique étendu d'environ dix fois son poids d'eau. Dans un flacon bitubulé (*fig.* 21) on met du

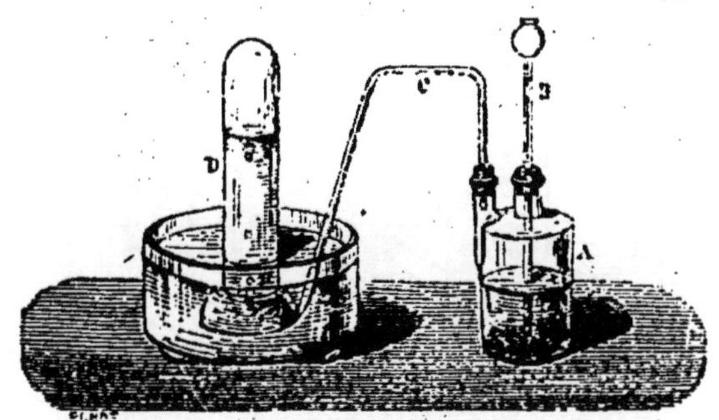

Fig. 21.

zinc en grenaille ou en petits morceaux, puis de l'eau jusqu'au tiers environ du flacon, et l'on adapte à l'appareil un tube abducteur C et un tube de sûreté à entonnoir B. L'acide est introduit peu à peu par cet entonnoir et l'on en ajoute une petite quantité chaque fois que le dégagement se ralentit. On attend, avant de recueillir le gaz, que l'air contenu dans le flacon ait été entraîné par l'hydrogène qui se dégage.

Dans cette opération l'hydrogène de l'eau est déplacé de sa combinaison avec l'oxygène par le zinc à la température ordinaire en présence de l'acide sulfurique, comme l'argent est déplacé par le cuivre, le cuivre par le fer (§ 10). On peut exprimer cette réaction au moyen de l'écriture symbolique ou équation chimique suivante :

$$Zn + SO^3HO = ZnO,SO^3 + H.$$

Remarques. — Un certain nombre de métaux, tels que le fer, peuvent remplacer le zinc dans cette préparation et l'on peut employer à la place de l'acide sulfurique un certain nombre d'acides étendus.

On emploie en effet l'acide chlorhydrique avec le zinc dans

les appareils dits continus (1) destinés à fournir à tout instant au gré de l'opérateur des quantités plus ou moins grandes de gaz.

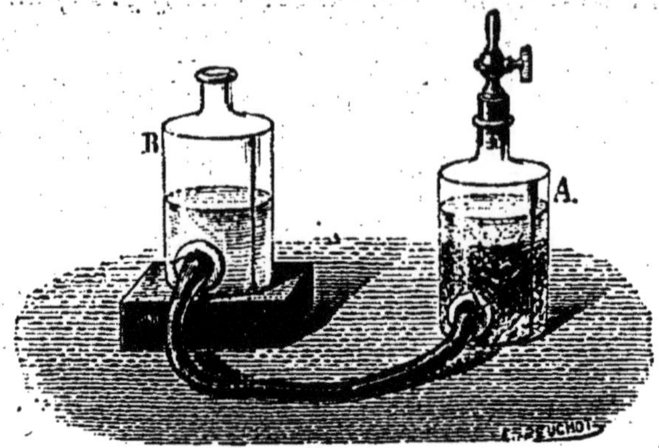

Fig. 22. — Appareil continu pour la préparation de l'hydrogène.

L'acide chlorhydrique donne naissance à du chlorure de zinc, ainsi que l'exprime la formule suivante :

$$Zn + HCl = ZnCl + H.$$

Ce composé, beaucoup plus soluble que le sulfate de zinc, n'a pas comme lui l'inconvénient d'incruster le métal d'une couche cristalline qui empêche l'action ultérieure de l'acide.

L'hydrogène préparé par ce procédé n'est pas pur. Il peut contenir certains gaz qui résultent de l'action simultanée de l'acide sulfurique et du zinc (ou comme on dit encore de l'hydrogène naissant), sur le soufre, l'arsenic, le phosphore,

1. Un tel appareil se compose de 2 vases A et B (*fig.* 22) communiquant à la partie inférieure au moyen d'un gros tube de caoutchouc. L'un deux A est fermé par un bouchon portant un tube abducteur à robinet et contient le zinc, dans l'autre B on met de l'acide chlorhydrique étendu de 4 fois son volume d'eau et on élève le flacon B sur un valet : l'acide passe dans le flacon A au fur et à mesure du dégagement du gaz et renouvelle celui-ci en attaquant le zinc. Le robinet refermé, l'hydrogène produit refoule l'acide dans le flacon B. Pour éviter le contact permanent de l'acide et du zinc après la fin de l'expérience, on met sous le zinc des fragments de verre, grès, etc. Si cette condition n'est pas bien remplie on élève à son tour le flacon A sur un valet.

le silicium que l'on rencontre généralement en petites quantités dans ces produits, savoir : HS, AsH^3, PhH^3, SiH^2.

On se débarrasse de ces impuretés en faisant passer le gaz dans un long tube contenant du cuivre en planures : le métal déplace l'hydrogène de ces combinaisons à la température ordinaire et absorbe le soufre et les autres métalloïdes.

Remarque. — On pourrait songer à préparer le gaz pur au moyen de zinc et d'acide sulfurique purs. Mais ces corps réagissent difficilement : le gaz produit recouvre le métal et empêche son contact avec l'acide. Si l'on ajoute un peu d'une dissolution d'un sel de cuivre ou d'argent, des parcelles de ce métal se déposent sur le zinc et c'est sur celles-ci que se dégage l'hydrogène, mais toujours très lentement (1). Le

Fig. 23.

zinc ordinaire contient diverses impuretés et particulièrement du plomb; celui-ci se trouve répandu dans toute la masse en petites parcelles dont une multitude sont mises à nu dès la première attaque de l'acide : c'est sur elles que se dégage abondamment le gaz.

1. Le zinc et le métal étranger forment un véritable couple voltaïque dans lequel l'hydrogène se dégage sur l'élément le moins attaquable, c'est-à-dire le cuivre ou l'argent.

II. Un autre procédé permet d'obtenir à très bon compte de grandes quantités d'hydrogène comme celles qu'il faut par exemple pour gonfler un ballon. Le fer et les métaux qui comme lui décomposent l'eau en présence des acides étendus, la décomposent aussi à la température du rouge (500° au moins). Dans un tube de porcelaine contenant des faisceaux de fil de fer et porté à une haute température au moyen d'un fourneau à réverbère (*fig.* 23), on fait passer de la vapeur d'eau produite par l'ébullition de ce liquide dans une cornue. Le métal décompose l'eau et se transforme en oxyde salin ou magnétique (Fe^3O^4) et l'hydrogène se dégage sur la cuve à eau (1).

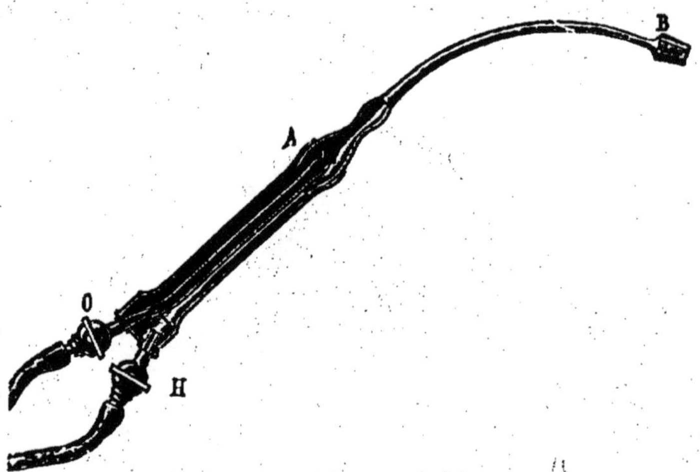

Fig. 24. — Chalumeau oxhydrique.

On peut exprimer la réaction par la formule :

$$3Fe + 4HO = Fe^3O^4 + 4H.$$

Le gaz ainsi préparé contient toujours un peu d'oxyde de

(1) Nous avons vu que l'hydrogène réduit sous l'influence de la chaleur les oxydes de fer; cette réaction est inverse de celle que nous venons d'appliquer. Il en résulte que chacune de ces réactions est limitée et qu'il sort de l'appareil un mélange d'hydrogène et de vapeur d'eau dans un rapport variable suivant la température.

carbone provenant de la décomposition de l'eau par le charbon uni au fer.

34. Applications. — 1° *Chalumeau.* La haute température développée dans la combinaison de l'oxygène et de l'hydrogène est utilisée au moyen du chalumeau (*fig.* 24). Cet instrument se compose essentiellement de deux tubes concentriques par lesquels on fait arriver les deux gaz : l'oxygène à l'intérieur et l'hydrogène dans l'espace compris entre ces deux tubes. La figure 24 représente une des dispositions les plus avantageuses : les gaz restent séparés jusqu'en A

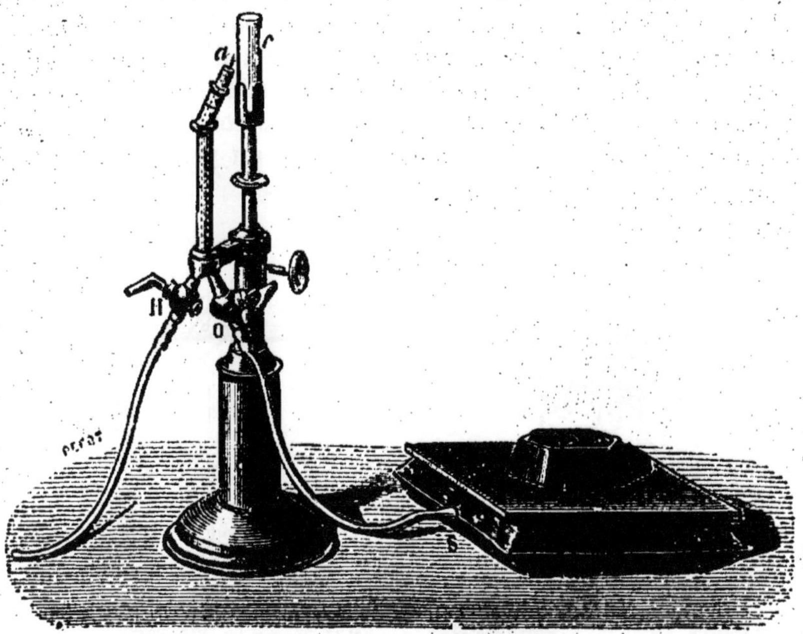

Fig. 25. — Lumière de Drummond.

et ne se mélangent que dans la partie terminale très étroite AB, qui est en cuivre. On n'a rien à redouter de l'explosion que pourrait produire une si petite quantité de gaz.

On peut avec cet appareil fondre aisément le platine, volatiliser l'or et l'argent. Il suffit de disposer ces métaux dans une cavité pratiquée dans un morceau de chaux vive, et d'en approcher à 3 ou 4 millimètres l'extrémité du chalumeau. L'expérience est très brillante avec la fonte ou l'acier : on voit cette substance fondre, puis brûler en lançant de toutes parts des étincelles multiples.

La chaux vive placée dans le jet du chalumeau prend un éclat comparable à celui de l'arc électrique. On emploie pour les expériences de physique sous le nom de *lumière de Drummond* la disposition représentée par la figure 25.

Le chalumeau est encore utilisé pour souder entre elles les grandes lames de plomb, constituant les parois des *chambres de plomb* (§ 108), sans l'intervention d'aucun métal étranger. Pour faire cette *soudure autogène,* il suffit de promener le dard du chalumeau sur les bords convenablement rapprochés, en ajoutant s'il est nécessaire un peu de plomb pour remplir les interstices.

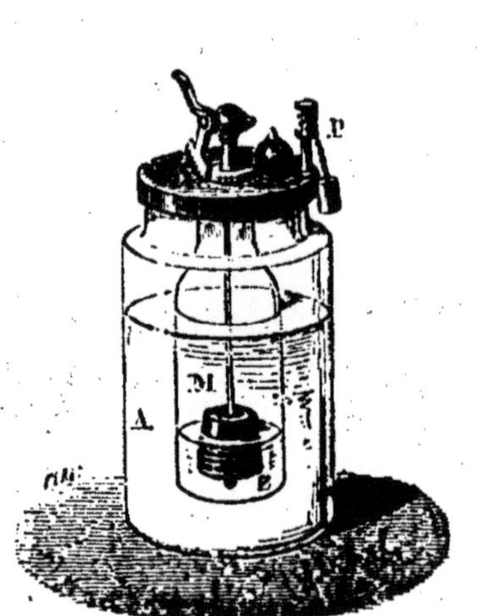

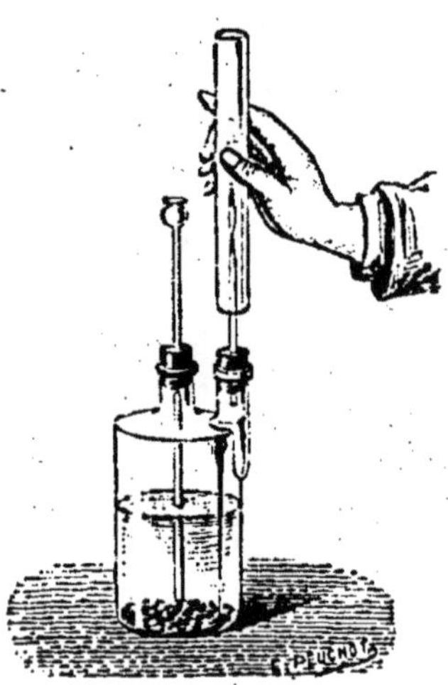

Fig. 26. — Briquet à hydrogène.

Fig. 27. — Harmonica chimique.

2° *Briquet à hydrogène* (*fig.* 26). — On a construit sous ce nom un appareil reposant sur la propriété précitée de la mousse de platine (§ 31). Il se compose d'une cloche M à l'intérieur de laquelle est suspendu un morceau de zinc Z. Le tout plonge dans un vase contenant de l'acide sulfurique étendu ; tel est l'appareil producteur d'hydrogène. En appuyant sur le bouton C on dirige un jet d'hydrogène sur de la mousse de platine placée en P ; le gaz s'enflamme et met le feu à une petite lampe qu'on place dans le jet.

3° *Harmonica chimique.* — Une expérience curieuse se fait ordinairement avec l'hydrogène. On enflamme ce gaz à l'extrémité d'un tube effilé, après avoir laissé se dégager tout l'air de l'appareil afin d'éviter une explosion. Si l'on descend sur la flamme un tube assez large (*fig.* 27) on entend un son dont la hauteur est en raison inverse de la longueur du tube ; on remarque que la flamme est animée d'un mouvement vibratoire. Si l'air du tube n'entre pas en vibration de lui-même, on peut l'y provoquer en produisant à côté de lui la note qu'il est capable de rendre. Le phénomène se produit aussi bien avec des tubes fermés à un bout ; un pareil tube produit l'octave grave du son que donnerait un tube de mêmes dimensions ouvert aux deux bouts.

L'EAU

HO. — Equiv[t] : 9 ; vol. : 2.

35. Propriétés physiques. — L'eau se solidifie à la température que l'on a prise pour zéro de l'échelle thermométrique. Elle peut cependant présenter le phénomène de la *surfusion* et rester à l'état liquide au-dessous de — 20°.

La glace présente une texture cristalline qui la rattache nettement au système hexagonal ou rhomboédrique. Le givre, les flocons de neige ou une lame de glace incomplètement fondue au soleil montrent en effet des formes rappelant l'hexagone (*fig.* 28) ; on obtient des cristaux assez nets en laissant geler de l'eau un peu boueuse.

La densité de la glace à 0° est 0,92, tandis que celle de l'eau à la même température est très voisine de 1 (0,99987). Il en résulte que la glace flotte à la surface de l'eau. Ainsi

Fig. 28. — Cristaux hexagonaux de la neige.

l'eau augmente notablement de volume en se solidifiant. Un vase rempli d'eau éclate lorsque celle-ci se congèle. — Certaines pierres dites gélives et les plantes dont les vaisseaux sont d'un assez grand diamètre éclatent avec fracas pour cette même raison, lorsque la température s'abaisse assez pour y congeler l'eau.

Plusieurs blocs de glace superposés se soudent rapidement; on peut même obtenir des objets en glace parfaitement limpide en comprimant énergiquement celle-ci dans un moule convenable en bois. Nous renverrons aux ouvrages de physique pour l'explication de ce phénomène (*regel*); on verra qu'il est intimement lié à cette propriété que l'eau partage avec un petit nombre de corps d'augmenter de volume en se solidifiant.

On sait que la densité de l'eau à 4° a été prise pour unité, et que l'eau présente à cette température un maximum de densité. Rappelons que sa chaleur spécifique a été prise aussi pour unité et que sa chaleur latente de fusion est 80, sa chaleur latente de vaporisation à 100° : 537. L'eau absorbe beaucoup plus de chaleur que les autres corps pour changer de température et d'état; aussi peut-on la considérer comme un régulateur de la température à la surface du globe.

A toute température l'eau émet des vapeurs invisibles dont la densité par rapport à l'air est 0,623.

L'eau est partiellement décomposable par la chaleur. Grove en y plongeant une boule de platine fortement chauffée constata le premier le dégagement d'hydrogène et d'oxygène mélangés à une grande quantité de vapeur d'eau.

On peut mettre en évidence cette dissociation en répétant l'expérience suivante due à H. Deville. On porte au rouge vif deux tubes concentriques, l'un intérieur en porcelaine poreuse, l'autre extérieur en porcelaine vernie. Dans le premier on

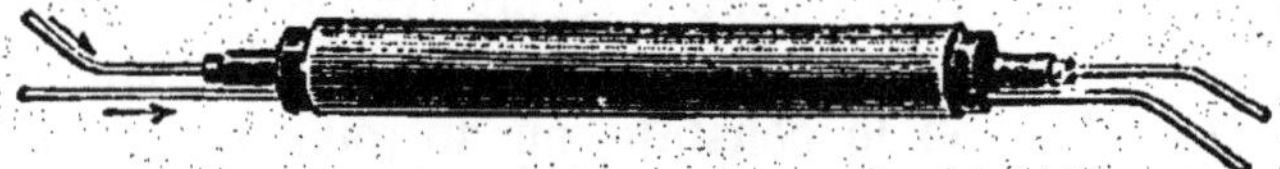

Fig. 29. — Décomposition de la vapeur d'eau par la chaleur.

fait passer un courant de vapeur d'eau et dans l'espace annulaire un courant d'acide carbonique. On constate que celui-ci contient au sortir de l'appareil une quantité notable d'hydrogène et un peu d'oxygène. Ces deux gaz ont traversé la paroi poreuse, et se trouvant disséminés dans une grande quantité de gaz inerte, n'ont pu se recombiner dans les parties plus froides, comme ils le font lorsqu'on chauffe simplement de la vapeur d'eau dans un tube porté aux plus hautes températures.

Nous avons vu plus haut la décomposition de l'eau par le courant voltaïque (§ 4).

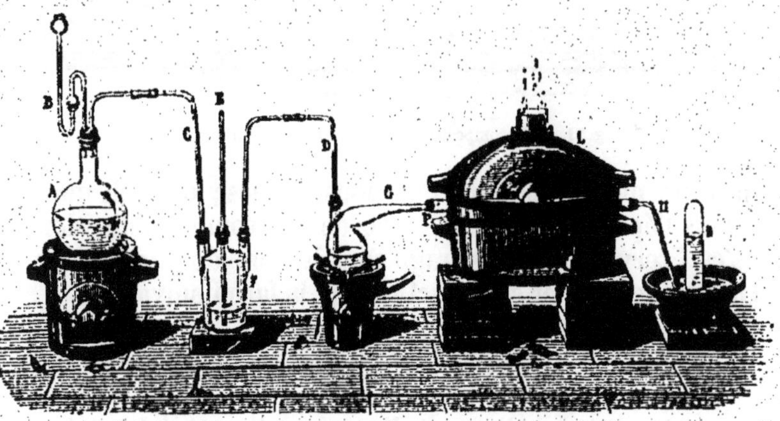

Fig. 30. — Décomposition de l'eau par le chlore.

30. Propriétés chimiques. — L'eau est décomposée par plusieurs métalloïdes; ceux-ci se combinent avec l'un des éléments et mettent l'autre en liberté. Nous citerons seulement comme exemples l'action du chlore et du charbon. Le premier se combine à l'hydrogène pour former de l'acide chlorhydrique et met en liberté l'oxygène (*fig.* 30); le deuxième prend au contraire l'oxygène et forme avec lui l'oxyde de carbone qui se dégage en même temps que l'hydrogène mis en liberté (*fig.* 31), on le constate en introduisant sous une

Fig. 31. — Décomposition de l'eau par le charbon.

éprouvette pleine d'eau des charbons rouges; on voit monter dans l'éprouvette un mélange de gaz combustibles dont on s'est servi pour l'éclairage sous le nom de *gaz à l'eau.*

On peut exprimer ces réactions de la façon suivante :

$$HO + Cl = HCl + O.$$
$$HO + C = H + CO.$$

Parmi les métaux, l'argent, l'or, le platine et l'aluminium sont les seuls qui ne décomposent l'eau à aucune température. Les uns, comme le potassium, la décomposent à froid; d'autres, comme le fer, au rouge, — ou comme le cuivre au rouge blanc; ils se transforment en oxydes et laissent dégager l'hydrogène. C'est principalement d'après cette action que les métaux ont été classés par Thénard. (§. 215.)

L'eau se combine avec dégagement de chaleur à un grand nombre d'acides et de bases pour former des *hydrates*. Ainsi en versant de l'acide sulfurique dans de l'eau qu'on a soin d'agiter constamment, on peut voir la température s'élever au-dessus de 100°. Il pourrait se produire une véritable explosion si l'on versait l'eau dans l'acide. Un certain nombre de ces hydrates sont indécomposables par la chaleur, par ex. : l'hydrate de potasse (KO,HO) et l'acide phosphorique monohydraté (PhO^5,HO). On peut donc dire que l'eau est un *oxyde indifférent*, jouant le rôle de base vis-à-vis des acides et le rôle d'acide vis-à-vis de bases énergiques.

37. Composition.— Cavendish montra le premier que la combustion de l'hydrogène dans l'air produit de la vapeur d'eau. Ayant enflammé un jet d'hydrogène desséché sous une cloche pleine d'air, il vit bientôt l'eau ruisseler sur la paroi (*fig.* 32).

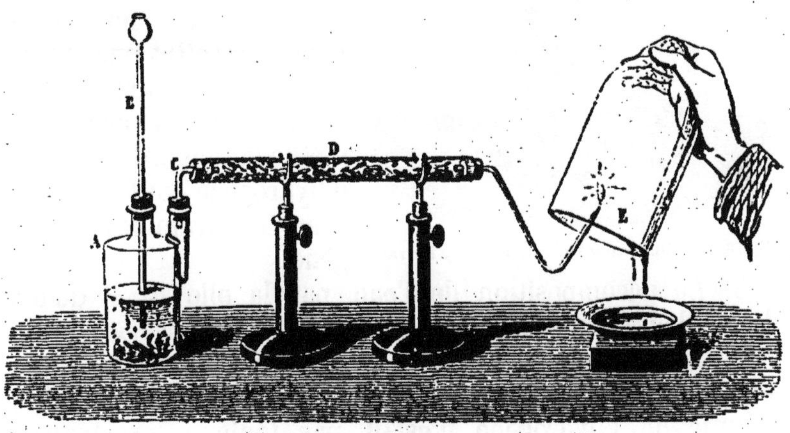

Fig. 32. — Expérience de Cavendish.

1° Lavoisier par une expérience semblable put établir la composition de l'eau. Dans un ballon rempli d'oxygène il amena par un premier tube de l'hydrogène que l'on enflammait à l'extrémité effilée au moyen d'une étincelle électrique. L'oxygène était renouvelé par un deuxième tube. On put recueillir 136 grammes d'eau et constater que l'hydrogène avait été employé en volume double de l'oxygène. Lavoisier vérifia de plus que le poids de l'eau formée était égal à la somme des poids des deux gaz entrés en combinaison, ce qu'il énonça sous le nom de *loi des poids* (§ 9).

2° Après la synthèse de l'eau, Lavoisier en fit l'analyse. Il faisait passer de la vapeur d'eau sur du fer porté au rouge dans un tube taré d'avance (Voir § 33). L'augmentation de poids du fer donnait le poids de l'oxygène contenu dans l'eau décomposée ; celui de l'hydrogène était déduit du volume de ce gaz recueilli sur la cuve à eau. La densité de l'hydrogène sec mal connue introduisit dans le résultat une erreur assez considérable ; Lavoisier trouva par cette méthode qu'un gramme d'hydrogène était uni dans l'eau à 6 grammes d'oxygène.

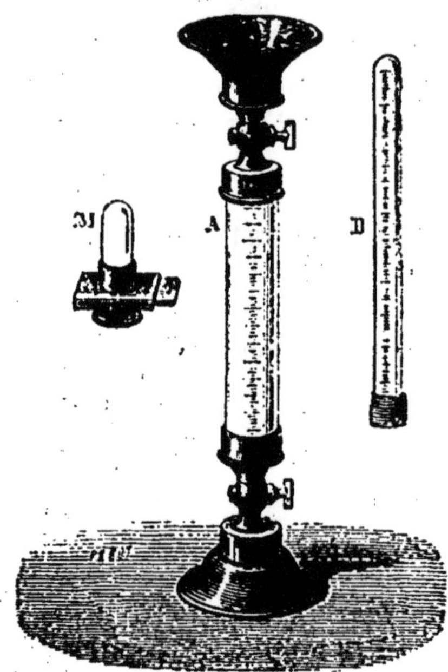

Fig. 39. — Eudiomètre à eau de Gay-Lussac.

3° La décomposition de l'eau par la pile (§ 4) donne de meilleurs résultats. Cependant une partie des gaz reste en dissolution dans l'eau et il peut se former au pôle positif de l'ozone (§ 29) ou de l'eau oxygénée (§ 42). Aussi le volume de l'hydrogène n'est-il pas toujours exactement double de celui de l'oxygène.

4° La *méthode eudiométrique* est plus satisfaisante. Elle

consiste à déterminer dans un appareil nommé eudiomètre (1) la combinaison de l'hydrogène et de l'oxygène.

1. L'eudiomètre à eau de Gay-Lussac (*fig.* 33) se compose d'un cylindre de verre très épais A bien mastiqué dans deux montures métalliques à robinet ; la première sur laquelle repose l'instrument forme un entonnoir, et la deuxième une petite cuvette où l'on peut visser une éprouvette B graduée en centimètres cubes. La garniture supérieure est traversée par une tige métallique isolée au moyen d'un tube de verre et terminée à l'intérieur près de la paroi métallique opposée et à l'extérieur par un bouton. On peut faire jaillir une étincelle électrique dans l'appareil en approchant du bouton le plateau d'un électrophore ou l'armature intérieure d'une bouteille de Leyde, dont l'armature extérieure est reliée par une chaînette à la garniture supérieure. Pour faire une expérience, on plonge l'appareil, les deux robinets ouverts, dans la cuve à eau jusqu'au-dessus du robinet inférieur ; on ferme celui-ci et l'on verse de l'eau par la partie supérieure jusqu'à ce qu'elle arrive dans la petite cuvette. Puis, le robinet supérieur étant fermé et l'inférieur ouvert, on introduit les gaz en renversant sous l'entonnoir une éprouvette M fermée par une coulisse, qui sert de *jaugeur* et contient en général 50 centimètres cubes. Cela fait, on excite l'étincelle et une explosion a lieu. On détermine enfin la nature et le volume des gaz qui restent dans l'appareil en les faisant passer dans l'éprouvette B. On ouvre à cet effet le robinet supérieur, on ferme l'inférieur et l'on porte l'éprouvette sur la cuve à eau afin de mesurer les volumes à la pression atmosphérique.

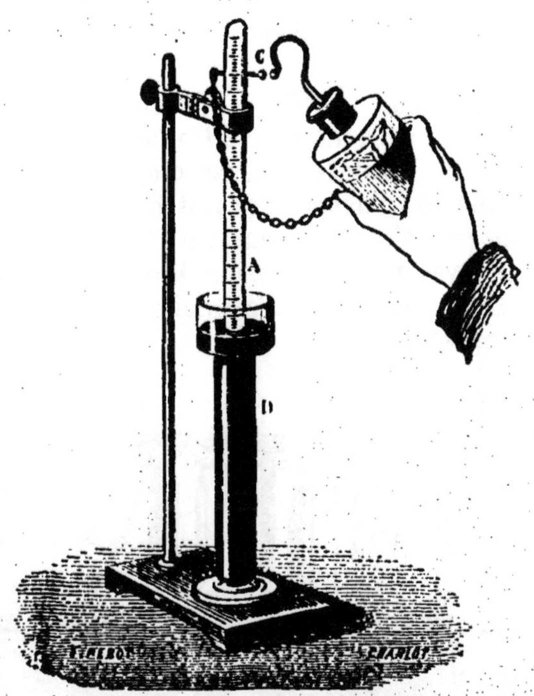

Fig. 34. — Eudiomètre à mercure.

Indépendamment des erreurs que comportent les mesures de volumes, cet appareil présente un grave inconvénient : si l'eau a été privée de gaz par l'ébullition, elle peut dissoudre une certaine quantité de ceux que l'on introduit dans l'appareil ; sinon elle peut au contraire laisser échapper ceux qu'elle contenait à l'avance au moment où le vide se produit au-dessus d'elle par suite de la condensation de la vapeur d'eau formée. Cet inconvénient

On introduit dans cet appareil 100 volumes de chacun de ces gaz et l'on fait jaillir l'étincelle ; on constate qu'il ne reste que 50 volumes d'oxygène : il en résulte que les 50 autres volumes se sont combinés avec les 100 volumes d'hydrogène pour former de l'eau qui s'est condensée.

Remarque. — Si au moyen d'une disposition spéciale (Eudiomètre à mercure d'Hoffmann) on maintient les gaz à 100°, on constate qu'il reste après l'explosion 150 volumes, savoir : 50 d'oxygène et 100 de vapeur d'eau qui disparaissent par refroidissement. On voit que les 150 volumes de gaz employés n'ont formé que 100 volumes de vapeur d'eau : le volume du composé n'est donc que les deux tiers de celui des composants.

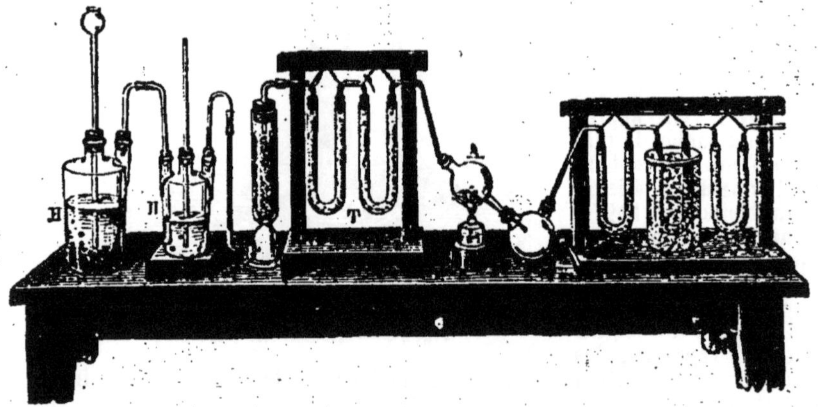

Fig. 33. — Synthèse de l'eau en poids.

Ce fait n'est point particulier à la formation de l'eau ; Gay-Lussac l'ayant découvert par la considération des densités de la vapeur d'eau et de ses composants montra toute sa géné-

n'existe plus dans les eudiomètres à mercure (*fig.* 34). Les gaz introduits, on fait éclater l'étincelle entre deux petites tiges de platine C qui traversent le verre à l'extrémité supérieure.

La méthode eudiométrique est applicable à tout gaz qui forme avec l'hydrogène ou l'oxygène un mélange tonnant inflammable par l'étincelle électrique.

ralité en étudiant le protoxyde d'azote, les acides sulfureux et carbonique, et en fit l'une des *Lois des volumes* (2e cas) : *Lorsque deux gaz s'unissent dans le rapport de* 2 *à* 1, *il y a contraction d'un tiers.*

5° *Méthode en poids.* — Enfin la méthode la plus précise consiste à peser l'oxygène qui entre dans la composition d'un certain poids d'eau ; le poids de l'hydrogène se déduit par différence.

M. Dumas fit passer de l'hydrogène parfaitement pur et sec sur de l'oxyde de cuivre bien sec contenu dans un ballon A (*fig.* 35) et légèrement chauffé au moyen d'une lampe à alcool. La vapeur d'eau formée par la réduction de l'oxyde de cuivre (§ 31) se condense en majeure partie dans un deuxième ballon ; le reste, entraîné par l'hydrogène en excès, est absorbé dans des tubes en U contenant de la pierre ponce imbibée d'acide sulfurique puis de l'acide phosphorique anhydre. On peut déterminer très exactement la diminution de poids de l'oxyde de cuivre et l'augmentation de poids du deuxième ballon et des tubes en U. M. Dumas a trouvé ainsi que l'eau contenait exactement 1 gramme d'hydrogène pour 8 d'oxygène. Si l'on se reporte au tableau des poids équivalents (§ 12), on voit que l'eau contient un équivalent d'hydrogène pour un d'oxygène : d'où la formule HO.

38. Eau ordinaire. — Nous avons envisagé l'eau pure telle qu'on l'obtient par la distillation de l'eau ordinaire (*fig.* 36). Celle-ci contient toujours en dissolution certaines substances gazeuses ou solides qu'elle a prises soit au contact de l'air, soit en traversant les diverses couches du sol.

39. Gaz. — On appelle *coefficient de solubilité* d'un gaz le volume de celui-ci que peut dissoudre 1 litre d'eau, mesuré à la pression finale (que possédait le gaz au-dessus du liquide lorsqu'on a mis fin à l'expérience, celui-ci étant saturé) ; ce coefficient diminue en général lorsque la température s'élève et la quantité de gaz dissoute est proportionnelle à la pression finale. Plusieurs gaz qui n'agissent pas chimiquement les uns sur les autres, ni sur l'eau, se dissolvent chacun proportionnellement à leur pression propre et à leur coefficient de solubilité.

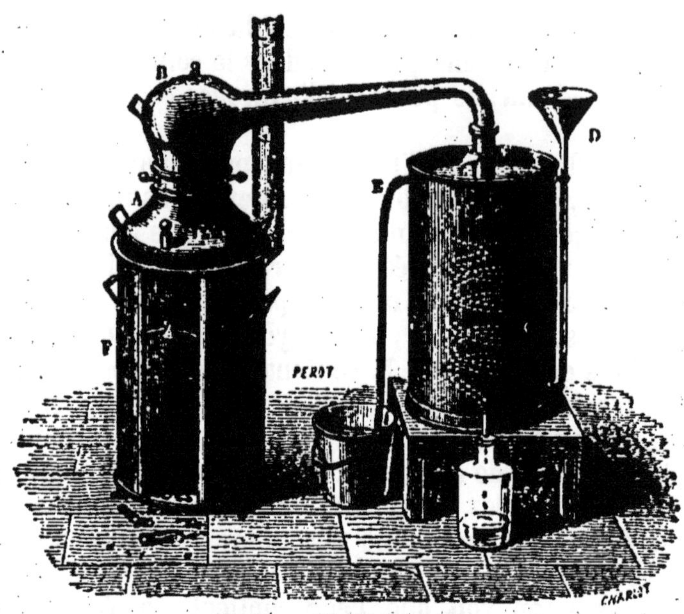

Fig. 36. — Distillation de l'eau.

En tenant compte des coefficients de solubilité de l'azote et de l'oxygène, ainsi que de la proportion de ces gaz dans l'air, on trouve qu'une eau bien aérée doit contenir à 10° environ 7 centimètres cubes d'oxygène et 13 d'azote. On en déduit que l'air dissous dans l'eau contient 35 pour 100 d'oxygène, tandis que l'air atmosphérique n'en contient que 21 pour 100. Pour déterminer le volume et la nature des gaz dissous dans une eau, on en porte à l'ébullition un volume connu dans un ballon complètement rempli ainsi que son tube abducteur qui se rend sur la cuve à mercure (*fig.* 37) sous une éprouvette graduée. Après avoir constaté le volume total du gaz recueilli, on introduit dans l'éprouvette une petite quantité de potasse caustique qui enlève l'acide carbonique ; on analyse le mélange d'azote et d'oxygène qui reste, comme il sera indiqué plus loin pour l'air.

Les résultats sont très variables avec la nature de l'eau et aussi avec la température. Un litre d'eau de pluie contient à peu près la quantité d'azote et d'oxygène indiquée plus haut et moins d'un centimètre cube d'acide carbonique. L'eau des rivières contient au contraire souvent plus de ce dernier gaz que d'azote et d'oxygène réunis. Cela tient à ce qu'il y est combiné au carbonate de chaux (craie) dont il se sépare à l'ébullition.

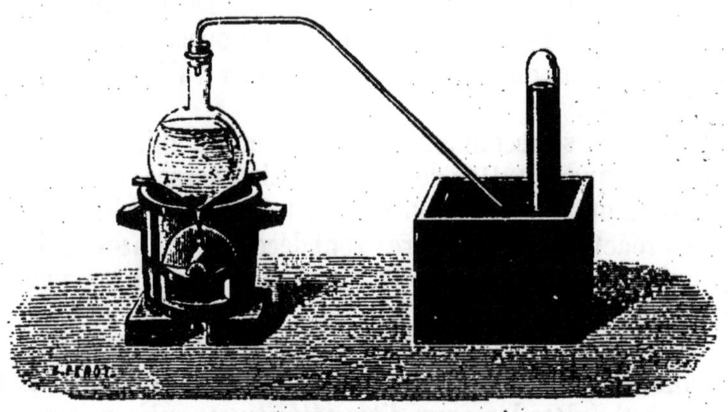

Fig. 37. — Extraction des gaz dissous dans l'eau.

40. Substances solides. — Les eaux courantes et de puits contiennent principalement du carbonate de chaux et en moins forte proportion du sulfate de chaux, du carbonate et du sulfate de magnésie, du chlorure de sodium (sel marin), des traces de silice, etc.

Le carbonate de chaux, complètement insoluble dans l'eau pure n'existe dans les eaux courantes que grâce à l'acide carbonique qu'elles contiennent ; il souille l'eau en ébullition et se dépose par le repos. On reconnaît aisément la présence de la chaux dans l'eau au moyen de la teinture alcoolique de bois de campêche. Celle-ci colore l'eau pure en jaune et l'eau calcaire en violet plus ou moins foncé. La solution alcoolique de savon convenablement *titrée* peut servir à *doser* le carbonate et le sulfate de chaux (hydrotimétrie). Quelques gouttes de cette solution font naître au-dessus de l'eau pure lorsqu'on l'agite, une mousse persistante, tandis que l'eau calcaire ne commence à mousser que lorsqu'on y a ajouté une quantité de savon suffisante pour neutraliser le calcaire (1).

Aussi l'eau très calcaire est-elle impropre au savonnage; il se forme des grumeaux qui se fixent au linge avec toutes les impuretés contenues dans l'eau. Elle est aussi impropre à la cuisson des légumes avec lesquels elle forme des composés insolubles qui rendent les aliments coriaces et indigestes. — On corrige partiellement ces inconvénients par l'ébullition qui dépouille l'eau de son carbonate de chaux ou par l'addition de carbonate de soude qui précipite la chaux à l'état de carbonate de chaux.

Les sulfates se reconnaissent au moyen du chlorure de baryum : quelques gouttes de sa dissolution versées dans l'eau donnent un précipité blanc de sulfate de baryte, insoluble dans tous les réactifs. Les chlorures sont décelés par l'azotate d'argent qui donne un précipité blanc soluble dans l'ammoniaque et noircissant à la lumière.

Une *eau potable* doit être suffisamment aérée et laisser par l'évaporation un résidu solide de 1 à 3 décigrammes par litre. Il faut éviter les eaux dites *séléniteuses* qui contiennent des quantités notables de sulfate de chaux; telles sont par exemple les eaux des puits de Paris. On doit rejeter aussi les eaux contenant des matières organiques : elles se corrompent facilement, surtout en été, et sont très insalubres. On les reconnaît en les portant à l'ébullition avec quelques gouttes de chlorure d'or; celui-ci est réduit, et l'or métallique extrêmement divisé trouble l'eau et lui donne une teinte violacée.

41. Eaux minérales. — On désigne sous ce nom des eaux qui renferment des quantités notables de substances minérales auxquelles elles doivent certaines propriétés thérapeu-

1. Le savon est composé de plusieurs sels, tels que le stéarate de potasse, qui forment avec le carbonate ou le sulfate de chaux, du stéarate de chaux insoluble et du carbonate ou sulfate de potasse.

tiques. Ainsi les eaux *alcalines* (Vichy, Vals) contiennent notamment du *bicarbonate de soude;* les eaux *ferrugineuses* (Marcols, Orezza, Spa), du bicarbonate de fer; les eaux *arsénicales* (la Bourboule), de l'arséniate de soude; les eaux *sulfurées* (Eaux-Bonnes, Barèges, Enghien) des sulfures de sodium et de calcium; les eaux *salines* contiennent du chlorure de sodium (sel marin), des sulfates de soude ou de magnésie (Sedlitz, Pullna), etc.

La plupart des eaux minérales sont *gazeuses*, c'est-à-dire qu'elles sont riches en acide carbonique qui se dégage partiellement lorsqu'elles arrivent à l'air; un grand nombre sont chaudes à la source : elles sont dites *thermales*.

Certaines sources dites *pétrifiantes* tiennent en dissolution une grande quantité de bicarbonate de chaux, et perdent en arrivant à l'air la majeure partie de leur acide carbonique; il en résulte que le calcaire se dépose en une couche très compacte sur les objets qu'on y laisse plonger quelque temps (Saint-Allyre).

APPENDICE

42. — Eau oxygénée. — Ce corps découvert par Thénard en 1818 répond à la formule HO^2 : il contient donc 2 fois plus d'oxygène que l'eau pour une même quantité d'hydrogène. C'est un liquide très facilement décomposable, mais que l'on peut conserver étendu d'eau et acidulé. Le simple contact de corps poreux tels que le charbon pulvérisé ou la mousse de platine provoque la décomposition de l'eau oxygénée en oxygène et eau. M. Gernez a démontré que la mousse de platine cesse d'agir lorsqu'elle a été privée d'air par une longue immersion dans l'eau bouillante. C'est donc à l'air et non au platine lui-même qu'il faut attribuer cette *action de présence* (V. § 31).

L'oxyde d'argent projeté dans l'eau oxygénée agit de même et se décompose lui-même avec explosion.

C'est un oxydant très énergique qui transforme par exemple le sulfure de plomb (qui est noir) en sulfate (qui est blanc). On peut ainsi ramener à leurs couleurs primitives les peintures à base de plomb qui ont noirci à la longue en absorbant l'hydrogène sulfuré contenu dans l'air.

L'eau oxygénée décolore rapidement la teinture de tournesol et le permanganate de potasse, transforme l'acide chromique (rouge orangé) en acide perchromique (qui est bleu) et colore en bleu une dissolution d'iodure de potassium additionnée d'empois d'amidon.

On produit facilement une dissolution étendue d'eau oxygénée en versant dans l'acide chlorhydrique étendu et refroidi dans la glace une bouillie formée de bioxyde de baryum et d'un peu d'eau

$$BaO^2 + HCl = HO^2 + BaCl.$$

AZOTE

Az. — Equivt : 14; vol. : 2.

43. Propriétés. — L'azote, découvert par Rutherford (1772), est un gaz très difficilement liquéfiable et très peu soluble dans l'eau (1/50 env.). Il est un peu moins lourd que l'air : sa densité est 0,97. Il éteint les corps en combustion et n'entretient pas la vie, — ce qui lui a fait donner son nom (ἀ privatif; ζωή, vie). Ce gaz se reconnaît à ce qu'il ne jouit d'aucune des propriétés des autres corps. Il ne se combine directement qu'avec le bore et quelques métaux tels que le magnésium.

Fig. 38.
Préparation de l'azote par le phosphore.

44. Préparation. — 1° On peut extraire l'azote de l'air en en absorbant l'oxygène.

Le procédé le plus simple consiste à brûler du phosphore sous une cloche pleine d'air reposant sur la cuve à eau (*fig.* 38). La coupelle contenant le phosphore est placée sur un flotteur en liège que l'on recouvre de la cloche après avoir enflammé le phosphore. On voit se former des fumées blanches d'acide phosphorique qui se dissolvent dans l'eau Celle-ci s'était abaissée d'abord dans la cloche au-dessous du niveau dans la cuve, à cause de la dilatation du gaz; elle monte à la fin de l'expérience et après refroidissement jusqu'au cinquième de la hauteur de la cloche (1).

Fig. 39. — Préparation de l'azote par le cuivre.

2° On obtient plus facilement de grandes quantités d'azote en faisant passer dans un tube contenant du cuivre et chauffé au rouge (à 500°) un courant d'air assez lent pour que tout l'oxygène soit absorbé, et dépouillé au préalable de son acide carbonique par la potasse (*fig.* 39).

3° On prépare l'azote parfaitement pur en chauffant dans une petite cornue de verre l'azotite d'ammoniaque récem-

1. Le gaz ainsi préparé contient encore un peu d'oxygène; car la combustion cesse, quoique le phosphore soit en excès, avant que tout ce gaz n'ait été absorbé. Il contient en outre de l'acide carbonique provenant de l'air employé, et des vapeurs de phosphore produites pendant l'expérience. Pour le purifier on y laisse séjourner pendant quelques heures des bâtons de phosphore qui enlèvent complètement l'oxygène, puis on y introduit quelques bulles de chlore qui forment avec le phosphore un composé absorbable par l'eau, et enfin de la potasse qui enlève l'excès du chlore et l'acide carbonique.

ment préparé; le sel se décompose en azote et eau, ainsi que l'exprime la formule suivante :

$$AzH^4O,AzO^3 = 2Az + 4HO.$$

45. Application. — Un grand nombre de réactions ne peuvent avoir lieu au contact de l'oxygène de l'air : il faut opérer dans un gaz qui n'agisse pas sur les corps mis en présence; l'azote étant le gaz *inerte* par excellence est très souvent employé en pareil cas.

Il faut observer que l'azote existe dans toute substance vivante et que c'est un des éléments indispensables à la vie.

AIR

46. Propriétés. — Sous une grande épaisseur l'air est bleu; il faut probablement attribuer sa couleur à l'oxygène. Un litre d'air normal pèse 1^{gr},293, c'est-à-dire 772 fois moins que l'eau (1).

On peut dire que les propriétés chimiques de l'air sont celles de l'oxygène tempérées par l'azote qui forme environ les quatre cinquièmes de son volume, ainsi que nous l'a montré l'expérience de Lavoisier (§ 22).

47. Composition. — L'*air est un mélange* et non une combinaison d'azote et d'oxygène. Nous en avons la meilleure preuve dans la manière dont il se comporte en présence de l'eau (V. § 39). Nous avons vu qu'en effet l'oxygène et l'azote se dissolvent *chacun comme s'il était seul*, tandis que ces mêmes gaz en combinaison dans le protoxyde d'azote, par exemple, se dissolvent selon le rapport où ils entrent dans la composition de ce corps; autrement dit, le gaz extrait de

1. On appelle gaz normal, un gaz sec à la température 0°, à la pression de 760 millimètres de mercure, à 45° de latitude et au niveau de la mer.

l'eau présente la même composition qu'avant de s'y dissoudre. Ajoutons qu'en mettant en présence l'azote et l'oxygène en proportions convenables on forme de l'air sans qu'on observe aucun des phénomènes qui accompagnent les combinaisons, tels que dégagement de chaleur et contraction.

Pour déterminer exactement la composition de l'air ou en général d'un mélange d'oxygène et d'azote, on peut rechercher le rapport des volumes ou celui des poids des deux gaz entrant dans le mélange. Pour faire l'analyse en volumes on suit la méthode d'absorption ou la méthode eudiométrique.

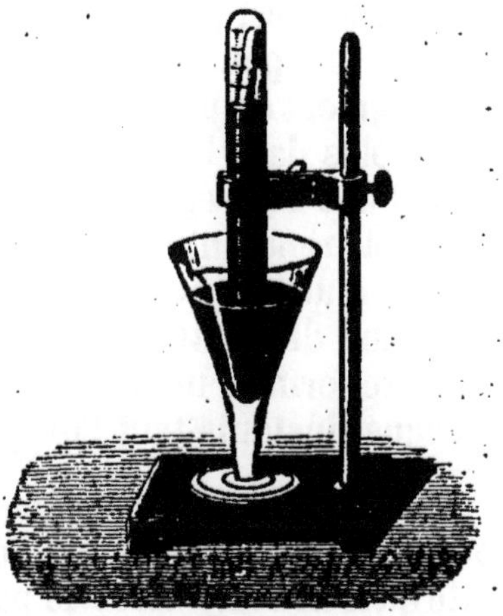

Fig. 40.
Analyse de l'air par le phosphore à froid.

I. *Méthode d'absorption.* — Dans le premier cas on met en présence d'un volume connu d'air une substance capable d'absorber complètement l'oxygène, et l'on mesure le volume de l'azote qui reste. On emploie ordinairement le phosphore ou l'acide pyrogallique et la potasse.

Fig. 41. — Analyse de l'air par le phosphore à chaud.

1° Un bâton de phosphore, introduit à la température ordinaire dans une éprouvette graduée (*fig.* 40) contenant 100 volumes d'air, absorbe complètement l'oxygène; au bout de quelques heures il ne reste plus que 79 volumes d'azote.

2° On obtient le même résultat en quelques minutes en

chauffant un petit fragment de phosphore placé dans l'ampoule d'une éprouvette de forme particulière dite *cloche courbe* (*fig.* 41). On chauffe d'abord légèrement pour sécher le phosphore, puis rapidement afin de l'enflammer. On voit une flamme pâle descendre jusqu'à la surface de l'eau ; l'expérience est alors terminée. Il ne reste plus qu'à mesurer le volume de l'azote après refroidissement. L'absorption de l'oxygène n'est pas complète dans cette expérience (V. § 44). Il sera bon pour l'achever d'introduire dans le gaz restant un fragment de phosphore qu'on y laissera jusqu'à ce qu'il ne brille plus dans l'obscurité.

3° Dans une éprouvette graduée contenant cent volumes d'air et reposant sur la cuve à mercure, on introduit au moyen d'une pipette, une dissolution concentrée de potasse, puis une dissolution d'acide pyrogallique (1). On voit aussitôt se former un composé brun foncé ; on agite, et en quelques instants tout l'oxygène est absorbé.

II. *Méthode eudiométrique.* — Dans l'eudiomètre (*fig.* 33) on introduit 100 volumes d'air et 50 d'hydrogène. On constate qu'il ne reste après le passage de l'étincelle que 87 volumes de gaz. — Puisque l'air est un mélange, nous voyons que 63 volumes ont formé de l'eau, savoir : 42 d'hydrogène et 21 d'oxygène (§ 37). Les 100 volumes d'air introduits contenaient donc 21 d'oxygène et par suite 79 d'azote.

On peut d'ailleurs s'assurer que les 87 volumes qui restent dans l'appareil se composent de 79 volumes d'azote et 8 d'hydrogène non employés dans la combustion.

III. *Méthode en poids.* — Cette méthode appliquée par Dumas et Boussingault est la plus précise. Leur appareil se compose essentiellement d'un tube de verre peu fusible T (*fig.* 42) contenant de la tournure de cuivre et muni à ses extrémités de deux robinets, et d'un ballon H à robinet d'environ 15 litres de capacité.

Après avoir fait le vide dans le tube et dans le ballon, on

1. Voir : chimie organique (phénols). p. 249.

pèse l'un et l'autre. On dispose alors le tube à cuivre sur une grille permettant de le porter au rouge, et l'on y adapte à un bout le ballon, à l'autre un système de tubes A B destiné à enlever l'acide carbonique et la vapeur d'eau contenus dans l'air. On ouvre alors les robinets du tube puis légèrement celui du ballon de manière à déterminer le passage de l'air assez lent pour qu'il perde dans le tube à cuivre tout son oxygène, ce que l'on reconnaît au moyen du tube de Liébig A que traversent les bulles d'air. L'expérience terminée, on ferme les robinets et l'on pèse de nouveau le tube T et le ballon H pleins d'azote (1).

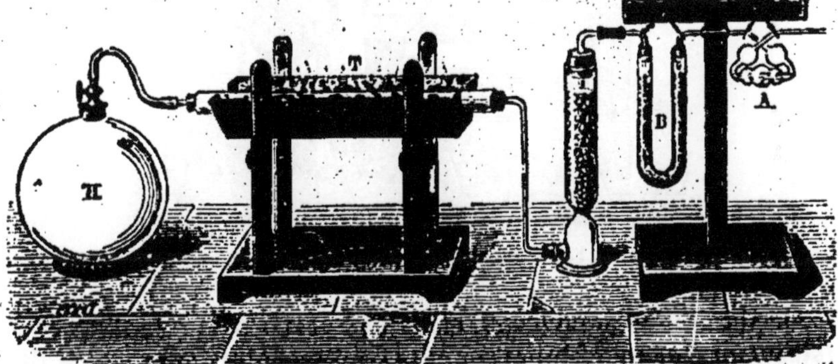

Fig. 12. — Analyse de l'air en poids.

On a trouvé par cette méthode que 100 grammes d'air contiennent 23 grammes d'oxygène et 77 d'azote, ce qui correspond en volumes à 20,8 et 79,2.

48. Acide carbonique et vapeur d'eau. — Une carafe pleine d'eau fraîche apportée dans une pièce plus chaude se couvre immédiatement de rosée, produite par la condensation de la vapeur d'eau atmosphérique. — L'eau de chaux exposée à l'air se couvre d'une pellicule de carbonate de chaux en absorbant l'acide carbonique de l'atmosphère. —

1. Soit P l'augmentation de poids du ballon, P' celle du tube à cuivre. P' se compose du poids de l'oxygène fixé sur le cuivre et de celui de l'azote restant dans ce tube, que nous désignerons par p. Le poids de l'oxygène est donc $P' - p$, celui de l'azote $P + p$.

L'air contient aussi de très faibles quantités d'acide sulfhydrique, d'ammoniaque et d'azotate d'ammoniaque produits pendant les orages, de carbures d'hydrogène et enfin des poussières de toutes sortes parmi lesquelles on trouve les spores d'un grand nombre de ferments et de moisissures.

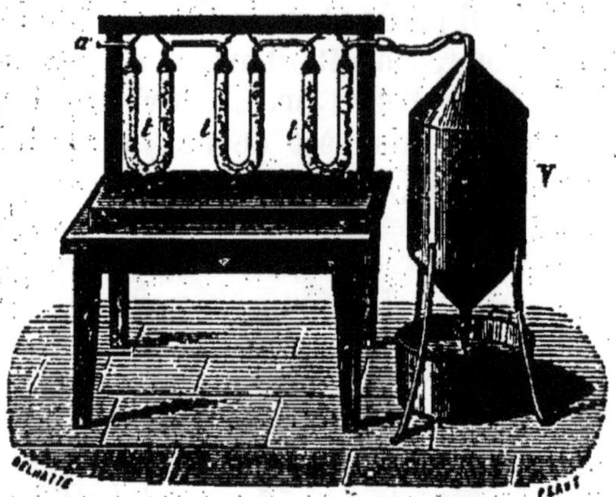

Fig. 43. — Dosage de l'acide carbonique et de la vapeur d'eau atmosphériques.

On dose la vapeur d'eau et l'acide carbonique de l'air en faisant passer un volume connu de celui-ci dans une série de tubes en U tarés d'avance (*fig.* 43) et contenant de la pierre ponce imbibée de potasse ou d'acide sulfurique, dans l'ordre suivant :

1° Acide sulfurique pour absorber la vapeur d'eau.
2° Potasse pour absorber l'acide carbonique.
3° Acide sulfurique pour absorber l'eau qui a été enlevée par l'air à la solution aqueuse de potasse.

L'augmentation du premier tube donne, comme on le voit, le poids de la vapeur d'eau, celle des autres le poids de l'acide carbonique. L'appel d'air est déterminé par une sorte de vase de Mariotte, dit *aspirateur*, d'une capacité d'environ 30 litres. L'expérience peut être répétée plusieurs fois de suite afin d'augmenter les poids à déterminer. On trouve que l'atmosphère contient des poids d'eau très variables et 4 à 6 dix-millièmes d'acide carbonique en poids, ce qui correspond à 3 dix-millièmes environ en volume.

49. Remarques. — Il résulte de nombreuses expériences que la composition de l'air est sensiblement invariable. Cependant on trouve dans les régions élevées un peu plus d'acide carbonique et à la surface de la mer un peu moins d'oxygène. Il faut l'attribuer à ce que ce dernier gaz est dissous pour être ensuite absorbé par la respiration des poissons.

Il résulte de la connaissance des phénomènes respiratoires que dans un espace confiné habité par des animaux, ou la nuit par des plantes, la proportion de l'acide carbonique augmente aux dépens de l'oxygène. L'inverse a lieu dans une serre pendant le jour.

CHAPITRE II

COMPOSÉS OXYGÉNÉS DE L'AZOTE AMMONIAQUE

50. Propriétés générales.—On connaît aujourd'hui six corps formés uniquement d'azote et d'oxygène unis en divers rapports.

Si l'on exprime en grammes les poids des deux gaz combinés, on trouve que 14 grammes d'azote sont unis à :

8gr. d'oxyg.	pour former	le protoxyde d'azote	dont la form.	est	AzO
16	—	—	le bioxyde d'azote	—	AzO^2
24	—	—	l'acide azoteux	—	AzO^3
32	—	—	l'acide hypoazotique	—	AzO^4
40	—	—	l'acide azotique	—	AzO^5
48	—	—	l'acide perazotique	—	AzO^6

On voit que les poids d'oxygène qui peuvent s'unir à un même poids d'azote sont entre eux dans des *rapports simples* exprimés par les nombres 1, 2, 3, 4, 5, 6. De plus, ces nombres sont multiples entiers du premier (1). C'est là une remarque très générale qui s'étend aux sels aussi bien qu'aux composés binaires et que Dalton a énoncée sous forme de loi dite des *proportions multiples* (§ 9).

1. Ces multiples ne sont pas toujours entiers. Ainsi l'on trouve que 27gr,6 de manganèse se combinent à :

8 gr. d'oxygène	pour former		le protoxyde de manganèse	MnO
$4/3 \times 8$	—	—	l'oxyde brun ou salin de mangan.	Mn^3O^4
$3/2 \times 8$	—	—	le sesquioxyde de manganèse	Mn^2O^3
2×8	—	—	le bioxyde de manganèse	MnO^2
3×8	—	—	l'acide manganique	MnO^3
$7/2 \times 8$	—	—	l'acide permanganique	Mn^2O^7

On voit qu'ici les multiples sont 4/3, 3/2, 2, 3 et 7/2.

Les composés oxygénés de l'azote jouissent de propriétés communes. Tous sont explosifs (c'est-à-dire formés avec absorption de chaleur) et par conséquent peu stables (V. § 6) : Ils se décomposent facilement, soit sous l'influence des agents physiques, soit en présence de corps avec lesquels ils peuvent former de nouveaux composés avec dégagement de chaleur.

Le plus stable de tous, l'acide hypoazotique, est complètement décomposé au rouge vif en azote et oxygène; le bioxyde, le protoxyde d'azote sont détruits au rouge et donnent de l'azote et de l'acide hypoazotique; l'acide azotique se décompose partiellement au dessous de 100°.

Tous ces composés sont *réduits* par l'hydrogène au rouge; il se produit de la vapeur d'eau et de l'azote. Dans certaines circonstances et particulièrement en présence de la mousse de platine à une température peu élevée, l'action est plus complète et il se forme du gaz ammoniac (AzH^3) en même temps que de l'eau. *L'hydrogène naissant* produit le même résultat.

C'est ce que l'on exprime au moyen des formules suivantes :

$AzO + H = Az + HO$	$AzO + 4H = AzH^3 + HO$
$AzO^2 + 2H = Az + 2HO$	$AzO^2 + 5H = AzH^3 + 2HO$
$AzO^5 + 5H = Az + 5HO$	$AzO^5 + 8H = AzH^3 + 5HO$

Nous indiquerons la manière de faire l'expérience sur l'acide azotique.

Inversement le gaz ammoniac et l'oxygène en présence de la mousse de platine reproduisent l'acide azotique.

Les métaux en général réduisent aussi plus ou moins complètement ces composés. Avec ceux qui sont facilement oxydables, comme le potassium, la réaction est très vive et il se dégage de l'azote.

PROTOXYDE D'AZOTE

AzO. — Equiv[t] : 22; vol. : 2.

51. Propriétés physiques. — Le protoxyde d'azote, découvert en 1772 par Priestley, est un gaz incolore, inodore et d'une saveur sucrée. Sa densité est 1,527. Vers 6° l'eau en dissout son volume.

Ce gaz a été liquéfié pour la première fois par Faraday (1823) (1).

On obtient facilement des quantités considérables de protoxyde d'azote liquide en comprimant le gaz à 30 atmosphères environ dans un récipient refroidi à 0°. La figure 45 montre le récipient R en fer forgé, entouré de glace, et la pompe à gaz P entourée d'eau froide afin de dissiper la chaleur dégagée par la compression. Quand on veut étudier le liquide produit, on tient le récipient renversé et l'on dévisse légèrement le bouchon conique B. Le jet du liquide est reçu dans une éprouvette plongeant dans un flacon dont l'air est desséché par l'acide sulfurique (*fig.* 46). On évite ainsi le réchauffement du liquide et le dépôt de givre qui empêcherait de voir ce qui se passe dans l'éprouvette.

Ce liquide bout à la température de — 87° sous la pression atmosphérique. On peut cependant le conserver quelque

1. Dans l'une des branches d'un tube courbe fermé aux deux bouts (*fig.* 44) Faraday enferme une substance capable de produire le gaz (l'azotate d'ammoniaque) que l'on porte au bain-marie à la température convenable (250°) pendant que l'autre branche plonge dans un mélange de glace pilée et de sel marin dont la température s'abaisse à — 18° ou même — 21°. Suivant le *principe de Watt*, le gaz produit en A vient se liquéfier en B dès que sa pression dépasse la tension maxima de la vapeur du liquide à la température du réfrigérant. Or cette tension est de 20 atmosphères à — 18°. La pression du gaz dans l'appareil ne devra donc pas dépasser 20 atmosphères et dès que celle-ci aura été atteinte, le gaz distillera vers la branche froide pour s'y liquéfier au fur et à mesure de sa production.

Fig. 44. — Liquéfaction des gaz par Faraday.

temps dans un vase ouvert, car l'évaporation très active qui se produit à la surface absorbe assez de chaleur pour maintenir le liquide à une température inférieure à son point d'ébullition. Sous le récipient de la machine pneumatique la température peut descendre au-dessous de — 100° et le protoxyde d'azote se solidifie. On peut obtenir un froid de — 140° en évaporant dans le vide un mélange de protoxyde d'azote liquide et de sulfure de carbone. Ce froid a été utilisé par M. Pictet pour liquéfier les gaz.

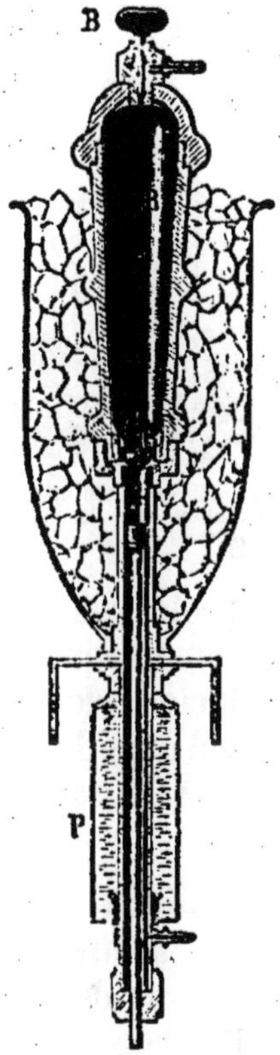

Fig. 45. Appareil de Natterer.

52. Propriétés chimiques. — Le protoxyde d'azote rallume comme l'oxygène une allumette incomplètement éteinte. Le phosphore, le charbon, le soufre y brûlent avec beaucoup d'éclat, mais ce dernier doit être au préalable bien allumé dans l'air; il ne continue de brûler dans le protoxyde que s'il est porté à une température suffisante pour décomposer d'abord ce gaz (1).

Le mélange à volumes égaux de protoxyde et d'hydrogène détone violemment à l'approche d'une bougie. Il se produit de l'eau et de l'azote (§ 50).

On voit qu'à une température élevée le protoxyde d'azote pourrait se confondre avec l'oxygène. Il s'en distingue nette-

1. Le soufre, par exemple, dégage en brûlant dans le protoxyde d'azote plus de chaleur qu'en brûlant dans l'oxygène; à la chaleur produite par l'union de ce dernier gaz et du soufre s'ajoute celle qui provient de la décomposition du protoxyde. Ce fait découvert par Favre et Silbermann a été le point de départ de leurs travaux sur les composés explosifs si heureusement continués par M. Berthelot. Il n'en résulte pas que la température de la combustion soit plus élevée; car la chaleur dégagée se partage entre l'azote et l'acide sulfureux produit.

ment à la température ordinaire par l'action du bioxyde d'azote (§ 56).

Le protoxyde d'azote produit quand on le respire l'anesthésie, à peu près comme l'éther ou le chloroforme. Il est préparé pour cet usage à l'état liquide et parfaitement pur ; de très faibles quantités d'acide hypoazotique peuvent amener la mort du patient. On peut obtenir sans danger une anesthésie prolongée en faisant respirer le gaz avec une quantité convenable d'oxygène. Davy lui donna le nom de *gaz hilarant*.

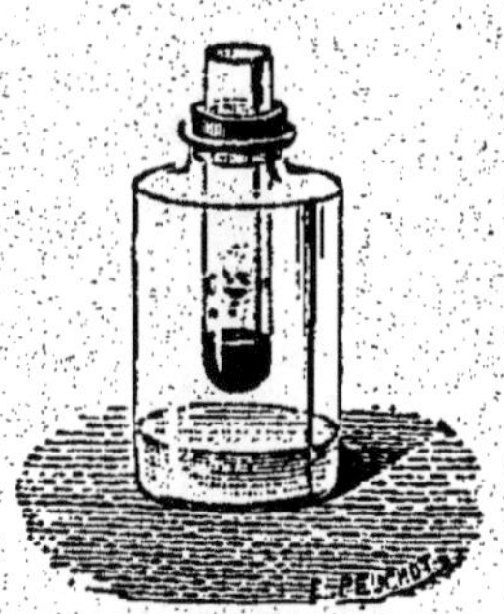

Fig. 46. — Combustion du charbon sur le protoxyde d'azote liquide.

53. Préparation. — On obtient le protoxyde d'azote en chauffant vers 230° de l'azotate d'ammoniaque dans une cornue de verre munie d'un tube abducteur de sûreté se rendant sur la cuve à eau (*fig.* 47). Le sel fond d'abord, puis se décompose en protoxyde d'azote et en eau, sans résidu (1) :

$$AzH^4O, AzO^5 = 2\,AzO + 4\,HO.$$

54. Analyse. — L'analyse du protoxyde d'azote se fait au moyen des absorbants ou de l'eudiomètre :

1° Dans l'ampoule d'une cloche courbe reposant sur le mercure et contenant du protoxyde d'azote on introduit un fragment de sulfure de baryum, que l'on chauffe au moyen d'une lampe à alcool. Cette substance absorbe l'oxygène et se transforme en sulfate de baryte. Après refroidissement, le mercure remonte au même point et l'éprouvette ne contient plus que de l'azote. On voit donc que

1. Remarque. — L'azotate d'ammoniaque est un composé très explosif; jeté dans un creuset porté au rouge sombre, il se décompose vivement et avec un dégagement de chaleur tel que les gaz qui en résultent (Az, O, HO) sont portés à l'incandescence. Cette propriété lui a fait donner le nom de *nitrum flammans*. On voit qu'il serait dangereux de chauffer brusquement dans une cornue de verre des quantités notables de cette substance. D'ailleurs il se produirait alors un peu d'azote et d'acide hypoazotique.

le protoxyde d'azote contient son volume d'azote. Or si de la densité du premier gaz on retranche celle du deuxième, on trouve sensiblement la demi-densité de l'oxygène (1,527 — 0,971 = 0,556). Le protoxyde d'azote est donc formé par 1 volume d'azote et 1/2 volume d'oxygène condensés en 1 volume. La combinaison a lieu avec contraction d'un tiers conformément à la loi de Gay-Lussac (V. § 37).

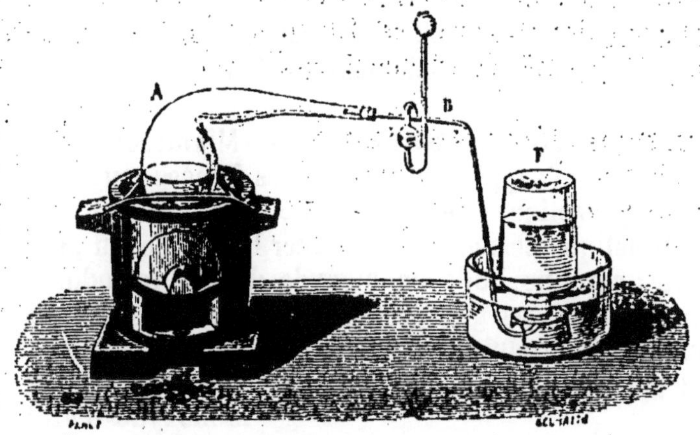

Fig. 47. — Préparation du protoxyde d'azote.

2° On arrive aux mêmes conclusions en se servant de l'eudiomètre. On introduit dans cet appareil 100 volumes de protoxyde d'azote et autant d'hydrogène, puis on fait éclater l'étincelle. Il reste 100 volumes d'azote pur. Or les 100 volumes d'hydrogène ont dû absorber 50 volumes d'oxygène pour former de l'eau. Donc les 100 volumes de protoxyde d'azote étaient formés de 100 volumes d'azote et 50 d'oxygène.

BIOXYDE D'AZOTE

AzO^2. — Equiv^t : 30 ; vol. : 4.

55. Propriétés physiques. — Le bioxyde d'azote, découvert par Hales en 1772, est un gaz incolore à peine plus lourd que l'air ; sa densité est 1,039. Il est peu soluble dans l'eau (1/20) et très difficilement liquéfiable.

56. Propriétés chimiques. — Mis au contact de l'air, il en absorbe l'oxygène et produit des fumées rougeâtres d'acide hypoazotique ($AzO^2 + 2O = AzO^4$). Cette propriété caractéristique permet de distinguer l'oxygène du protoxyde d'azote ; car une bulle de bioxyde d'azote introduite dans le premier de ces gaz produira une coloration rougeâtre intense et ne produira rien dans le deuxième.

Le phosphore bien allumé continue à brûler avec éclat dans le bioxyde d'azote ; le soufre y brûle aussi vivement, mais à la condition qu'on l'y plonge en pleine ébullition ; le charbon s'y éteint toujours. Le mélange à volumes égaux d'hydrogène et de bioxyde d'azote brûle assez rapidement à l'approche d'un corps enflammé.

Fig. 48. — Combustion du sulfure de carbone dans le bioxyde d'azote.

Le mélange de bioxyde d'azote et de vapeur de sulfure de carbone brûle très vivement. Pour faire l'expérience, on verse dans un flacon d'un litre à large ouverture (*fig.* 48), quelques gouttes de sulfure de carbone et l'on agite fortement ;

on approche ensuite de l'orifice une bougie allumée, et l'on voit jaillir une flamme bleue pâle, très riche en *rayons photographiques* (1).

La limaille de zinc ou de fer humide transforme lentement le bioxyde d'azote en protoxyde. On utilise cette propriété pour débarrasser le protoxyde d'azote de petites quantités de bioxyde ou d'acide hypoazotique qu'il peut contenir.

57. Préparation. — La préparation du bioxyde d'azote rappelle celle de l'hydrogène (*fig.* 49). On met dans un flacon

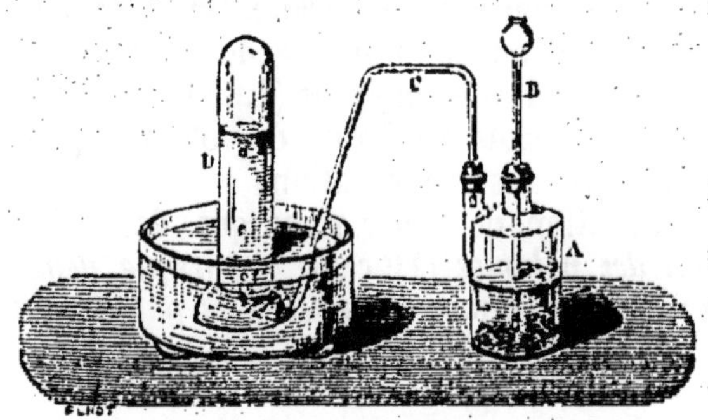

Fig. 49. — Préparation du bioxyde d'azote.

bitubulé de la planure de cuivre et un peu d'eau, puis on verse par le tube de sûreté à entonnoir de l'acide azotique ordinaire (à peu près autant que d'eau). On voit bientôt sortir du liquide de nombreuses bulles de gaz qui se combinent à l'oxygène de l'air contenu dans le flacon pour former de l'acide hypoazotique (2). Lorsque tout l'oxygène a été absorbé, le gaz commence à se dégager. On doit laisser perdre les premières portions qui entraînent l'azote contenu dans le flacon.

$$3\ Cu + 4\ AzO^5 = AzO^2 + 3\ (CuO,\ AzO^5).$$

1. Cette flamme peut être utilisée ainsi que la flamme du magnésium, à défaut de la lumière solaire, pour éclairer, par exemple, l'intérieur d'une grotte que l'on veut photographier.

2. Ce dernier gaz se transforme au contact de l'eau et de l'air en acide azotique qui reste en dissolution. Il se fait un vide partiel par suite de la disparition de l'oxygène, et l'air rentre dans le flacon par le tube central.

Le gaz ainsi préparé contient de 5 à 15 pour 100 de protoxyde d'azote; on l'obtient plus pur en remplaçant le cuivre par le mercure, et en maintenant le flacon plongé dans l'eau froide (1).

58. Analyse. — Dans la cloche courbe on introduit un volume connu de bioxyde d'azote, puis un fragment de sulfure de baryum que l'on chauffe au moyen d'une lampe à alcool. Après refroidissement, le volume du gaz est réduit de moitié et il ne reste que de l'azote. Le bioxyde d'azote contient donc la moitié de son volume d'azote. Or, si de la densité du premier gaz on retranche la moitié de celle du second, on trouve la demi-densité de l'oxygène (1,039 — 0,486 = 0,553). Donc le bioxyde d'azote est formé de volumes égaux d'azote et d'oxygène unis sans condensation.

La généralisation de cette remarque donne lieu à une nouvelle *loi des volumes* (1er cas) : *Lorsque deux gaz ou vapeurs s'unissent à volumes égaux, il n'y a pas de contraction.*

ACIDE AZOTEUX

AzO^3. — Equiv^t : 38.

59. L'acide azoteux est un liquide très instable; on ne peut le conserver qu'en dissolution étendue et froide. Il oxyde les corps réducteurs, les métaux par exemple, et réduit les composés suroxygénés comme le permanganate de potasse : la dissolution de celui-ci, d'une belle couleur violette, est décolorée par l'acide azoteux.

On peut l'obtenir par la combinaison directe du bioxyde d'azote et de l'oxygène à — 40° ou par l'action de l'eau sur l'acide hypoazotique (§ 60). On produit facilement les azotites

1. Mise en présence du gaz plus ou moins pur, une dissolution de sulfate de protoxyde de fer absorbe le bioxyde seul et se colore en brun foncé. On peut reconnaître ainsi si le gaz est pur. De plus cette dissolution légèrement chauffée laisse dégager le bioxyde d'azote parfaitement pur.

qui sont stables. Ainsi le bioxyde d'azote passant sur du bioxyde de baryum chauffé vers 400° s'y combine avec incandescence :

$$BaO^2 + AzO^2 = BaO, AzO^3.$$

ACIDE HYPOAZOTIQUE

AzO^4. — Equiv[t] : 46; vol. : 4.

60. Propriétés physiques. — L'acide hypoazotique est un liquide plus lourd que l'eau (D = 1,45), incolore à — 10° lorsqu'il est pur ; il se colore en brun foncé quand la température s'élève, et bout à 22°. Il émet à la température ordinaire d'épaisses vapeurs *rutilantes* dont la densité est 2,6, tandis qu'elle s'abaisse à 1,57 au-dessus de 150°. Recueilli au moment de sa préparation, l'acide hypoazotique parfaitement anhydre cristallise à — 9°; mais une fois liquide il ne se solidifie qu'à — 23° (il y a surfusion).

61. Propriétés chimiques. — Le nom d'acide a été improprement donné à ce corps, car il ne forme pas de sels. Mis en présence d'une base telle que la potasse, il se décompose et donne un mélange d'azotate et d'azotite de potasse. La même décomposition a lieu sous l'influence d'une petite quantité d'eau refroidie :

$$2\,AzO^4 = AzO^3 + AzO^5.$$

Pour faire l'expérience on verse l'acide hypoazotique liquide et froid dans une éprouvette contenant de l'eau glacée ; on voit se former deux couches : l'inférieure, colorée en bleu, est de l'acide azoteux mélangé d'acide hypoazotique non décomposé. La couche supérieure est une dissolution étendue d'acide azotique à peu près incolore.

Sous l'influence d'une grande quantité d'eau non refroidie,

l'acide hypoazotique se décompose en bioxyde d'azote et acide azotique.

$$3\,AzO^4 = AzO^2 + 2\,AzO^5.$$

L'acide hypoazotique est un oxydant très énergique; il est très corrosif et par conséquent dangereux à respirer.

62. Préparation. — Dans une cornue de verre réfractaire, on décompose au rouge l'*azotate de plomb* parfaitement desséché. On engage le col de la cornue dans un tube en U qui plonge dans un réfrigérant et présente une tubulure inférieure par laquelle l'acide liquéfié tombe dans un ballon refroidi (*fig.* 50). Il reste dans la cornue de l'oxyde de

Fig. 50. — Préparation de l'acide hypoazotique.

plomb, et il se dégage de l'oxygène que l'on peut reconnaître à l'extrémité libre du tube au moyen d'une allumette présentant quelques points rouges. La décomposition peut se représenter par la formule suivante :

$$PbO,AzO^5 = PbO + O + AzO^4.$$

63. Analyse. — On fait passer un poids connu de vapeur

d'acide hypoazotique sur du cuivre porté au rouge. Celui-ci fixe l'oxygène, et l'azote se dégage. Du volume de ce dernier on déduit son poids, et l'on trouve par différence le poids de l'oxygène. C'est ainsi que l'on a fixé la formule de ce corps AzO^4. On reconnaît qu'un volume d'azote y est uni à 2 volumes d'oxygène avec condensation d'un tiers (Loi de Gay-Lussac, 2e cas).

ACIDE AZOTIQUE

AzO^5. — Equiv[t] : 54.

64. Acide anhydre. — L'acide azotique anhydre se présente en cristaux incolores; il fond à 30° et bout à 47°; sa décomposition, déjà notable à cette température, est très rapide à 80°.

Ce corps, préparé pour la première fois par H. Deville, s'obtient assez facilement par la distillation à basse température d'un mélange d'acide azotique concentré et d'acide phosphorique anhydre qui lui enlève son eau.

65. Acide du commerce. — Connu dans le commerce sous les noms d'*acide nitrique* ou d'*eau-forte*, ce corps paraît avoir été connu au huitième siècle. Raymond Lulle, au treizième siècle, le préparait en distillant un mélange d'argile et de *nitre* (salpêtre ou azotate de potasse). Sa composition n'est connue que depuis Cavendish (1784).

L'acide azotique le plus concentré des laboratoires est monohydraté (AzO^5,HO). L'acide dit *ordinaire* est quadrihydraté ($AzO^5,4HO$). Le premier a pour densité 1,52, le deuxième 1,42.

L'acide monohydraté, incolore lorsqu'il est pur, se colore en jaune sous l'action de la lumière, qui le décompose partiellement en acide hypoazotique et oxygène.

Il se solidifie à — 50° et bout à 86°. Sa distillation est accompagnée d'une décomposition partielle en oxygène et acide hypoazotique qui se dégagent, et en eau qui reste unie à l'acide de la cornue ; le point d'ébullition s'élève jusqu'à 123° : l'acide qui reste alors contient 4 équivalents d'eau et distille sans altération. Si l'on distille au contraire de l'acide très étendu d'eau, celle-ci passe d'abord abondamment, et l'acide se concentre dans la cornue jusqu'à ce que le point d'ébullition s'élève encore à 123°. Cette propriété remarquable fait de l'acide azotique ordinaire un hydrate bien *défini*.

66. Propriétés chimiques. — L'acide azotique est décomposé par tous les corps simples, excepté : l'azote, l'oxygène, le chlore et le brome parmi les métalloïdes, l'or, le platine et congénères parmi les métaux.

Citons quelques exemples :

Un morceau de *charbon* porté au rouge brûle vivement dans l'acide azotique monohydraté. Le noir de fumée (charbon très divisé), mis au contact de ce liquide à la température ordinaire, s'échauffe rapidement et s'enflamme spontanément.

Le *phosphore*, projeté dans l'acide concentré, produit une vive explosion. Il se dissout lentement à l'ébullition dans l'acide étendu : c'est ainsi que nous obtiendrons l'acide phosphorique ordinaire (V. 86).

Nous avons indiqué plus haut (V. 50) l'action de l'*hydrogène* sur les composés oxygénés de l'azote en général.

Pour montrer l'action de ce gaz sur l'acide azotique en présence de la mousse de platine, on emploie la disposition indiquée par la figure 51. L'hydrogène produit dans le flacon A arrive dans un deuxième flacon B contenant de l'acide azotique concentré, par un tube qui plonge à peine dans ce liquide ; le gaz se rend ensuite, chargé de vapeurs, dans un tube de verre C contenant la mousse de platine que l'on sèche au moyen d'une lampe à alcool. On voit bientôt se dégager des fumées blanches formées de vapeur d'eau, d'azotate d'ammoniaque, et de gaz ammoniac reconnaissable à son odeur et à ce qu'il bleuit le papier rouge de tournesol.

Si dans un appareil à hydrogène en activité l'on verse quelques gouttes d'acide azotique, on voit cesser tout dégagement gazeux. Cependant le zinc continue à se dissoudre, et l'on peut constater qu'il s'est formé du sulfate d'ammoniaque. On dit ordinairement que l'*hydrogène naissant* a réduit l'acide azotique.

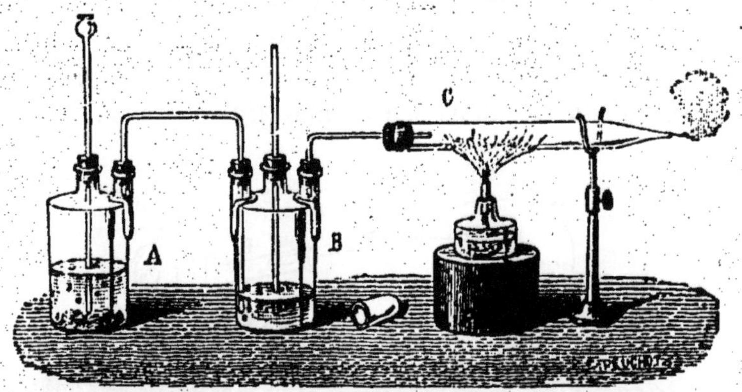

Fig. 51. — Réduction de l'acide azotique par l'hydrogène en présence de la mousse de platine.

L'acide azotique concentré est décomposé par le potassium et le sodium avec une vive explosion ; il agit vivement aussi sur le zinc, mais difficilement sur la plupart des métaux, parce que leurs oxydes sont insolubles dans l'acide concentré.

Nous avons appliqué l'action du cuivre et du mercure sur l'acide étendu pour préparer le bioxyde d'azote. Le fer et le zinc décomposent encore l'acide très étendu ; il se produit alors du protoxyde d'azote, et non de l'hydrogène comme avec l'acide sulfurique ou chlorhydrique. On peut utiliser cette action pour préparer le protoxyde d'azote.

Le fer présente un phénomène très remarquable. Il est vivement attaqué par l'acide ordinaire et non par l'acide monohydraté. Or si on le laisse séjourner quelques instants dans ce dernier, il cesse d'être attaquable par l'acide ordinaire. On dit qu'il est devenu *passif*. On rend le fer attaquable de nouveau en le touchant avec une tige de cuivre ou même de fer.

Il se produit dans ces divers cas des azotates métalliques ; l'étain au contraire se transforme en acide stannique (SnO^2), poudre blanche insoluble.

L'acide azotique est très corrosif : il détruit rapidement les tissus et tache la peau en jaune.

67. Préparation. — Pour préparer l'acide azotique pur dans les laboratoires, on traite l'azotate de potasse (salpêtre) par l'acide sulfurique concentré. On introduit des poids égaux de ces substances dans une cornue (*fig.* 52) et l'on chauffe

Fig. 52. — Préparation de l'acide azotique monohydraté dans les laboratoires.

doucement. L'acide azotique déplacé par l'acide sulfurique distille vers 86° et vient se condenser dans un ballon refroidi. Il reste dans la cornue du bisulfate de potasse, ainsi que l'exprime la formule suivante (1) :

$$KO, AzO^5 + 2\,(SO^3HO) = AzO^5HO + KO, HO, 2SO^3.$$

Dans l'industrie, on remplace l'azotate de potasse par l'azotate de soude (salpêtre du Pérou), produit naturel qui, à poids

1. Au commencement de l'opération, l'acide azotique mis en liberté se décompose partiellement en eau qui reste fixée à l'acide sulfurique concentré, en oxygène, et en acide hypoazotique qui colore la cornue en rouge. Le même phénomène ne se produit pas avec l'acide sulfurique un peu étendu (60° Baumé). La coloration reparaît lorsque, tout l'acide sulfurique étant transformé en bisulfate, la température s'élève assez pour décomposer l'acide azotique moins étendu.

égal, contient plus d'acide azotique et coûte moins cher que le précédent. On emploie d'ailleurs l'acide sulfurique à 60° Baumé (au lieu de 66° ; V. § 108). La distillation s'opère dans des chaudières en fonte, et les vapeurs acides se condensent dans une série de touries ou bonbonnes en grès où l'on a mis à l'avance un peu d'eau (1).

Fig. 53. — Préparation industrielle de l'acide azotique.

68. Composition. — Cavendish a le premier mis en évidence la composition de l'acide azotique par l'expérience suivante. Un tube recourbé, ouvert aux deux bouts, plonge par ses extrémités dans deux petites cuvettes à mercure (*fig.* 54) et contient un mélange d'azote et d'oxygène. Au-dessus du mercure on a introduit de l'eau de chaux et, au moyen de deux armatures métalliques, on fait passer dans le gaz une série d'étincelles électriques. On voit diminuer peu à peu le volume du gaz, et il se forme de l'azotate de chaux. Si l'on avait mis

1. *Purification.* — L'acide azotique du commerce contient d'ordinaire un peu d'acide chlorhydrique provenant des chlorures qui accompagnent l'azotate de soude naturel. Il s'y rencontre aussi de l'acide sulfurique entraîné pendant la distillation et de l'acide hypoazotique qui le colore en jaune. Pour le purifier, on le distille avec 1 ou 2 centièmes d'azotate de plomb qui forme avec les acides chlorhydrique et sulfurique du sulfate et du chlorure de plomb insolubles. On chasse l'acide hypoazotique en faisant passer dans le liquide un courant d'acide carbonique.

2 volumes d'azote pour 5 d'oxygène, on pourrait constater que la composition du mélange n'a pas varié, ce qui prouverait que telle est aussi la composition de l'acide azotique. On arrive plus facilement à la même conclusion au moyen de l'expérience suivante due à Gay-Lussac.

Dans une éprouvette contenant 100 volumes d'oxygène sur la cuve à eau, on introduit peu à peu 100 volumes de bioxyde d'azote, et l'on constate qu'il reste à la fin de l'expérience 25 volumes d'oxygène : tout le bioxyde a été transformé en acide azotique, qui s'est dissous dans l'eau. Celui-ci est donc composé de 4 volumes de bioxyde d'azote pour 3 d'oxygène, c'est-à-dire 2 d'azote pour 5 d'oxygène.

Fig. 54. — Composition de l'acide azotique par Cavendish.

69. Usages. — L'acide azotique est employé sous le nom d'*eau-forte* pour la gravure sur métaux ; on l'emploie dans la préparation des acides sulfurique et oxalique ; c'est un des corps les plus employés dans les laboratoires. La consommation annuelle en France s'élève à plusieurs millions de kilogrammes.

GAZ AMMONIAC

AzH^3. — Equiv[t] : 17 ; vol. : 4.

70. L'azote ne forme avec l'hydrogène seul qu'un composé, le gaz ammoniac (AzH^3), qui en dissolution dans l'eau constitue l'ammoniaque ou alcali volatil. Ce corps fut longtemps confondu avec divers composés *ammoniacaux* que l'on rencontre dans la suie provenant de la combustion de la fiente des chameaux et autres herbivores (1). Sa composition fut déterminée par Berthollet (1785).

71. Propriétés physiques. — Le gaz ammoniac est incolore, il a une saveur âcre et une odeur pénétrante qui provoque les larmes. Il est près de deux fois plus léger que l'air (D = 0,59). Il est très soluble dans l'eau, qui en absorbe 1000 fois son volume vers 10°.

Cela permet de faire avec ce gaz diverses expériences qui réussissent d'ailleurs avec d'autres gaz très solubles :

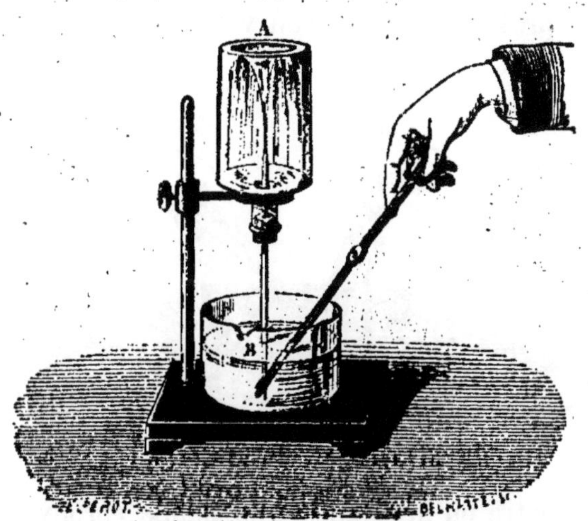

Fig. 55. — Le gaz ammoniac est extrêmement soluble.

1° On introduit dans la cuve à eau une éprouvette remplie de gaz ammoniac, reposant sur un godet plein de mercure ; puis on soulève l'éprouvette, de manière à mettre le gaz au contact de l'eau : il s'y dissout instantanément ; le vide se fait donc dans l'éprouvette, et l'eau s'y précipite avec assez de violence pour la briser si le gaz était pur. Un centième d'air

1. Principalement le carbonate d'ammoniaque. Cette suie fut pendant longtemps l'origine de toute l'ammoniaque employée dans les laboratoires. On l'exploitait particulièrement dans l'oasis d'Ammon, qui donna son nom au sel *ammoniac*.

mélangé au gaz suffit pour diminuer considérablement la rapidité de la dissolution et la violence du choc.

2° Un flacon plein de gaz ammoniac est fermé par un bouchon que traverse un tube effilé aux deux bouts (*fig.* 55). On plonge sous l'eau l'extrémité de ce tube, et l'on brise la pointe fermée à la lampe : on voit l'eau jaillir dans le flacon par suite du vide presque complet produit par l'absorption du gaz. Si l'eau avait été colorée par de la teinture de tournesol légèrement rougie, elle passe au bleu en pénétrant dans le flacon.

Les gaz très solubles dans l'eau sont très facilement absorbés par le charbon de bois. Celui-ci peut condenser dans ses pores près de cent fois son volume de gaz ammoniac.

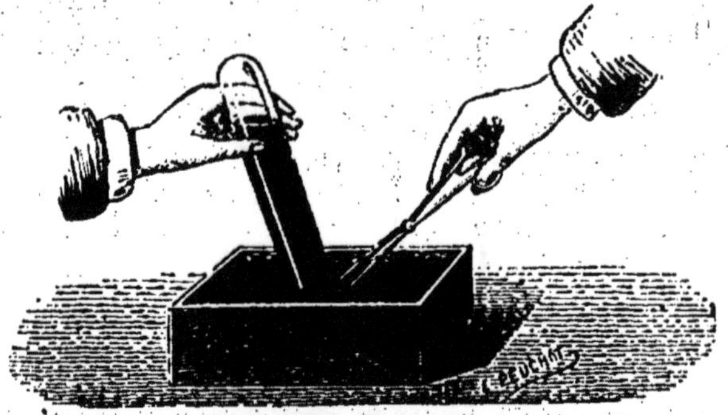

Fig. 56. — Absorption du gaz ammoniac par le charbon.

On le montre en introduisant dans une éprouvette de ce gaz, sur la cuve à mercure, un morceau de charbon que l'on a préalablement porté au rouge et éteint dans le mercure, pour le débarrasser des gaz qu'il contenait (*fig.* 56). Le mercure monte rapidement dans l'éprouvette et la remplit bientôt si le gaz est pur.

Le gaz ammoniac est facilement liquéfiable. Pour le démontrer, on enferme dans l'une des branches du tube de Faraday (*fig.* 44) du chlorure d'argent saturé de gaz ammoniac (il en absorbe environ 320 fois son volume). Il suffit de chauffer cette branche vers 80° en maintenant l'autre à 0° pour que tout le gaz ammoniac vienne se condenser dans celle-ci en un liquide incolore très mobile, plus léger que l'huile (D = 0,73), qui bout à — 34° et se solidifie à — 75° par évaporation rapide dans le vide (1).

Sa tension de vapeurs n'atteint pas 7 atmosphères à 15°. Il possède une chaleur latente de vaporisation considérable que l'on a utilisée pour la fabrication de la glace. (Voir dans les ouvrages de physique l'appareil de Carré.)

Le gaz ammoniac se décompose en ses éléments à une température élevée (*fig.* 57) ou sous l'action de nombreuses étincelles électriques.

Fig. 57. — Décomposition du gaz ammoniac par la chaleur.

72. Propriétés chimiques. — Une bougie s'éteint dans le gaz ammoniac, et ne l'enflamme pas en y pénétrant; mais ce gaz brûle dans l'oxygène avec une flamme jaune. On fait aisément l'expérience au moyen d'un chalumeau à gaz séparés (*fig.* 24). L'oxygène arrive par le tube annulaire et

1. Le chlorure d'argent forme avec le gaz ammoniac une véritable combinaison ($AgCl + 3AzH^3$). Maintenu à 40° pendant que la deuxième branche du tube de Faraday est à 0°, ce composé perd la moitié de son gaz, sa tension de dissociation étant supérieure à la tension maxima de la vapeur ammoniacale (4 atmosphères 1/2). Le nouveau composé ($2AgCl$, $3AzH^3$) ne se détruit que lorsque sa tension de dissociation dépasse cette valeur, ce qui arrive vers 80°.

l'on enflamme le jet du gaz ammoniac à la sortie du tube central effilé. Il se produit de l'eau et de l'azote. Le mélange de 4 volumes de ce gaz et de 3 volumes d'oxygène détone violemment au contact d'un corps incandescent.

$$AzH^3 + 3O = Az + 3HO.$$

La réaction est différente en présence de la mousse de platine chauffée : il se produit de l'acide azotique. Cette action, inverse de celle de l'hydrogène sur cet acide, se met en évidence d'une manière analogue (V. § 66). L'oxygène arrive sur la mousse de platine après s'être chargé de gaz ammoniac en traversant une dissolution de ce gaz. On constate la formation de vapeurs acides au moyen d'un papier bleu de tournesol qui rougit à l'extrémité du tube (*fig.* 51).

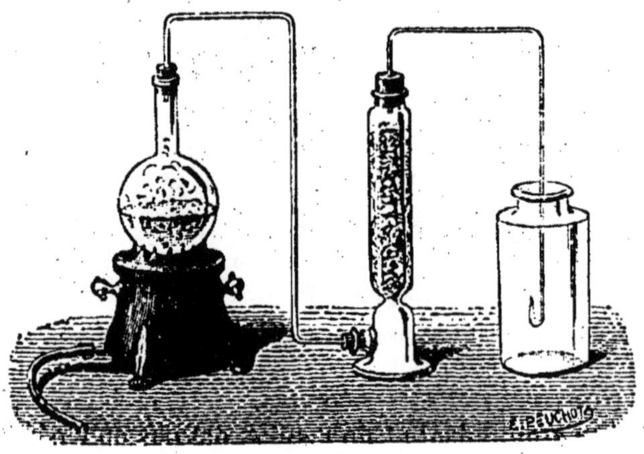

Fig. 58. — Combustion du gaz ammoniac dans le chlore.

Le gaz ammoniac brûle aussi dans le chlore et s'y enflamme spontanément (*fig.* 58). Quand il passe sur des charbons portés au rouge, il forme du cyanhydrate d'ammoniaque, produit volatil très dangereux à respirer.

73. Ammoniaque. — On nomme ainsi la solution aqueuse très concentrée du gaz ammoniac ; sa densité est voisine de 0,85. Maintenue dans le vide, ou à la température de 70° à l'air libre, elle perd tout son gaz. La dissolution du gaz ammoniac n'est point accompagnée de combinaison (1).

L'ammoniaque bleuit fortement le tournesol ; c'est une base très énergique, très analogue à la potasse et à la soude. Elle est comme celles-ci très caustique, ce qui lui a fait donner le nom d'alcali volatil (en arabe : *al kali*, le caustique). Elle dissout de nombreux oxydes métalliques. On fait souvent l'expérience sur le cuivre. Une dissolution très étendue de sulfate de cuivre, traitée par quelques gouttes d'ammoniaque, donne un précipité bleu pâle d'oxyde de cuivre hydraté, qui se dissout quand on ajoute un excès de réactif, et colore la solution en une belle nuance bleue intense connue sous le nom de *bleu céleste*.

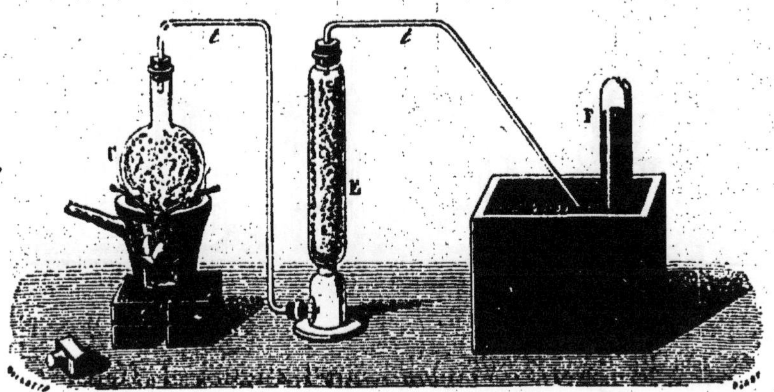

Fig. 59. — Préparation du gaz ammoniac.

74. Préparation. — Pour préparer le gaz ammoniac dans les laboratoires, on chauffe doucement dans un ballon le mélange à poids égaux de chlorhydrate d'ammoniaque et de chaux vive pulvérisés ensemble (*fig.* 59). Il reste dans le

1. En effet pour maintenir le gaz en dissolution, il faut exercer au-dessus du liquide une pression qui dépend de la concentration en même temps que de la température. Lorsqu'il y a combinaison, cette pression ne dépend que de la température et porte le nom de tension de dissociation. (V. § 8.)

ballon du chlorure de calcium, et le gaz ammoniac se dégage en même temps que de la vapeur d'eau, ainsi que l'exprime la formule :

$$AzH^4Cl + CaO = CaCl + AzH^3 + HO.$$

L'opération commence à froid.

Pour dessécher le gaz, on le dirige au travers d'un tube rempli de fragments de potasse caustique fondue, et on le recueille sur la cuve à mercure (1).

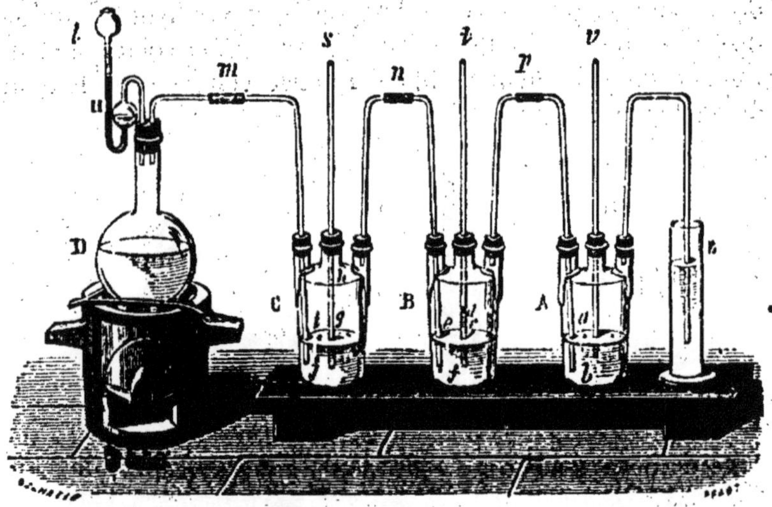

Fig. 60. — Appareil de Woulf pour préparer la dissolution ammoniacale.

Lorsqu'on n'a d'autre but que de faire une expérience sur le gaz ammoniac, on se le procure simplement en faisant bouillir sa dissolution. Pour obtenir cette dernière dans les laboratoires, on dirige le gaz dans une série de flacons contenant de l'eau (*fig.* 60).

L'ammoniaque est obtenue industriellement en traitant

1. La potasse n'est pas un desséchant parfait; mais on ne peut employer le chlorure de calcium qui absorberait une grande quantité de gaz ammoniac, ni les acides phosphorique et sulfurique qui se combineraient avec lui pour former des sels.

par la chaux, à une température peu élevée, les eaux ammoniacales qui forment le résidu liquide de la préparation du gaz de l'éclairage. On dirige le gaz qui se dégage dans une série de touries à demi pleines d'eau où il se dissout rapidement. On utilise aussi les *eaux vannes* provenant de la putréfaction de l'urine et autres produits organiques azotés; il s'y est formé du carbonate d'ammoniaque, aux dépens de l'urée, sous l'influence de l'activité vitale d'un ferment de la famille des *bactéries* (algues).

75. Analyse. — Pour déterminer la composition du gaz ammoniac, on en introduit 100 volumes dans l'eudiomètre à mercure (*fig.* 34); puis on le décompose au moyen d'une série d'étincelles électriques. On remarque que le volume du gaz a doublé; l'eudiomètre contient donc 200 volumes d'un mélange d'azote et d'hydrogène. On ajoute 100 volumes d'oxygène, et l'on constate qu'après l'étincelle il ne reste que 75 volumes; 225 ont disparu pour former de l'eau, savoir 150 d'hydrogène et 75 d'oxygène. Le résidu contient donc 25 d'oxygène et par suite 50 d'azote, ce que l'on peut d'ailleurs vérifier. Il en résulte que 100 volumes de gaz ammoniac sont formés par 50 volumes d'azote et 150 d'hydrogène : le volume du composé n'est que la demi-somme de ceux des composants.

Cette remarque conduit à l'énoncé suivant (3e cas de la loi de Gay-Lussac): *Quand deux gaz s'unissent dans le rapport de 3 à 1 il y a contraction de moitié.*

76. Ammonium. — Il était bon de faire ressortir dans les formules l'analogie complète qui existe entre les composés ammoniacaux et les sels des métaux alcalins (potassium, sodium). Or le sulfate d'ammoniaque, par exemple, outre l'acide sulfurique (SO^3) et le gaz ammoniac (AzH^3), contient nécessairement un équivalent d'eau. On peut donc le représenter par la formule AzH^3,HO,SO^3, que l'on préfère écrire $(AzH^4)O,SO^3$, afin de la rendre semblable à celle du sulfate de potasse KO,SO^3. Elle n'en diffère en effet que par le changement du symbole K en (AzH^4). Ampère a attribué un sens à ce symbole en supposant qu'il existait réellement un corps ayant cette formule, et qu'il nomma *ammonium*. — Aussi écrivons-nous les formules

AzH^4O	ammoniaq. ou oxyde d'ammonium analogue à		KO
AzH^4Cl	chlorhydr. d'am. ou chlorure d'am.	—	KCl
AzH^4O,AzO^5	azotate d'ammoniaque	—	KO,AzO^5

Toutefois l'ammonium n'a pas encore été isolé.

CHAPITRE III

PHOSPHORE ET SES COMPOSÉS. — ARSENIC

PHOSPHORE

Ph. — Équivt : 31 ; vol. : 1.

77. — Par les composés qu'il forme avec l'hydrogène et l'oxygène, le phosphore se rapproche de l'azote. Il constitue avec celui-ci et l'arsenic une famille naturelle où l'on pourrait placer l'antimoine et quelques autres métaux.

Découvert en 1669, à Hambourg, par le chimiste Brandt, ce corps fut tiré d'abord de l'urine. Scheele indiqua le procédé que l'on suit encore aujourd'hui pour l'extraire des os.

78. Propriétés physiques. — Le phosphore se présente ordinairement en bâtons flexibles, translucides et jaunes comme l'ambre, dont la densité est 1,83. Il fond à 44°, mais peut rester fondu même à 15° s'il a été refroidi lentement sous l'eau. On fait cesser la *surfusion* en introduisant dans le liquide, une parcelle de phosphore solide (1).

Il bout à 290° ; on peut facilement le purifier par distillation, à la condition d'opérer dans un gaz inerte (azote, hydrogène).

Le phosphore est insoluble dans l'eau et très soluble dans le sulfure de carbone. On obtient facilement des cristaux volumineux en évaporant sa dissolution dans ce dernier liquide.

79. Propriétés chimiques. — Le phosphore est très combustible. Exposé à l'air sec, il en absorbe lentement

1. Un thermomètre plongé dans le liquide remonte alors rapidement à 44°. C'est ainsi que l'on détermine le *point de fusion normal des corps vitreux* parmi lesquels se place le phosphore. Suivant les modifications qu'il a déjà subies, ce corps commence à fondre à des températures variables.

l'oxygène pour se transformer en un corps blanc pulvérulent, l'acide phosphoreux (PhO^3).

Pendant cette oxydation le phosphore luit dans l'obscurité; c'est à cette propriété remarquable qu'il doit son nom (φῶς, φέρω).

Dans l'air humide, il se produit en même temps de l'ozone et de l'azotite d'ammoniaque dont les fumées blanches brillent dans l'obscurité (Schœnbein).

La *phosphorescence* n'a lieu que dans un gaz contenant de l'oxygène. Elle ne se produit pas cependant dans l'oxygène pur à la pression atmosphérique, si la température ne dépasse pas 20°. On peut la déterminer en ajoutant à l'oxygène un gaz inerte en quantité suffisante (hydrogène, acide carbonique), ou en diminuant convenablement la pression. On peut la faire cesser au contraire, en même temps que l'oxydation du phosphore, en introduisant dans le gaz où elle se produit de très petites quantités de chlore, d'éthylène (C^4H^4), de vapeur d'alcool ou d'essence de térébenthine, etc.

Lorsque le phosphore est porté à 60° dans l'air ou seulement

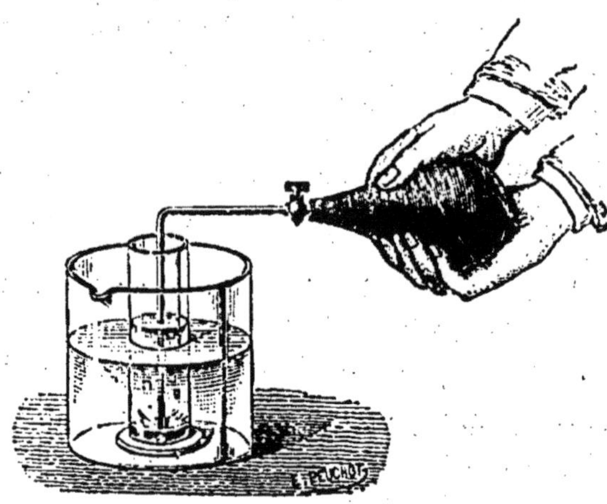

Fig. 61. — Combustion du phosphore sous l'eau.

à 30° dans l'oxygène, il s'enflamme et brûle avec une flamme blanche très brillante : il se produit de l'acide phosphorique

(PhO^5). On peut le faire brûler sous l'eau en amenant un courant d'oxygène dans une éprouvette au fond de laquelle le phosphore est maintenu en fusion par l'eau à 50° environ (*fig.* 61).

Le phosphore s'altérant à l'air, on le conserve sous l'eau. Il ne faut le manier qu'avec les mains humides, en ayant soin de le plonger fréquemment dans l'eau pour l'empêcher de s'échauffer. Les brûlures qu'il produit sont très graves. On les combat au moyen de la magnésie ou de la chaux.

L'acide azotique étendu et bouillant le transforme en acide phosphorique hydraté (PhO^5, 3HO) avec dégagement de bioxyde d'azote.

Avec l'acide azotique fumant il se produit une explosion; il se dégage de l'azote et du protoxyde d'azote.

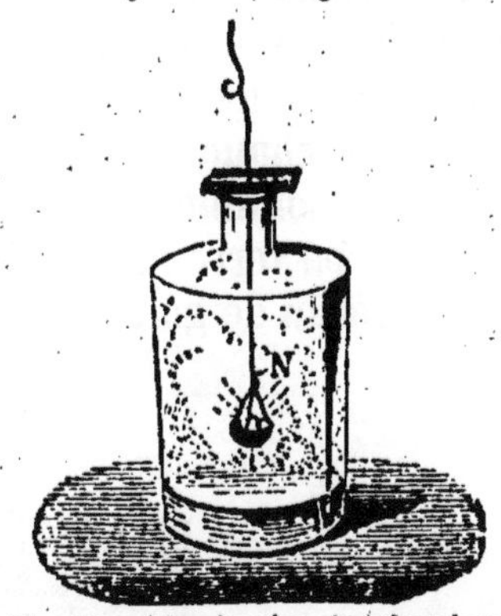

Fig. 62. — Combustion du phosphore dans l'oxygène ou dans le chlore.

Le phosphore s'enflamme spontanément dans le chlore à la température ordinaire (*fig.* 62).

80. Préparation. — Les os de bœuf ou de mouton contiennent les deux tiers de leur poids de substances minérales; l'autre tiers est constitué par une matière organique, l'osséine, que l'on détruit par la calcination dans un courant d'air. Les os conservent leur aspect, mais ils deviennent très friables; on les pulvérise. La *cendre d'os* ainsi obtenue contient environ 80 pour 100 de son poids de *phosphate tribasique de chaux* (3 CaO,PhO^5); le reste est principalement du carbonate de chaux. On la traite par l'acide sulfurique étendu (1).

Celui-ci décompose le carbonate de chaux avec effervescence et forme du sulfate de chaux ($CaOSO^3$) (V. § 151). Le phosphate des os, insoluble dans l'eau, perd deux équivalents

1. Dans des cuves en bois doublé de plomb on met 500 litres d'eau bouillante, 100 kilogrammes d'acide sulfurique à 50° B, et peu à peu 100 kilogrammes de cendres d'os, en agitant fréquemment.

de base et se transforme en phosphate soluble ou phosphate acide ($CaO,2HO,PhO^5$), suivant la formule :

$$3\,CaO,PhO^5 + 2\,(SO^3,HO) = CaO,2\,HO,PhO^5 + 2\,(CaO,SO^3).$$

Le sulfate de chaux, à peu près insoluble dans l'eau, se dépose, et le phosphate reste seul en dissolution. Après un repos de 24 heures, on recueille le liquide et on l'évapore jusqu'à ce qu'il prenne la consistance d'un sirop. On y mélange alors du charbon de bois pulvérisé, et l'on continue de chauffer dans des chaudières en fonte jusqu'au rouge sombre. La masse se solidifie; on la concasse et on l'introduit dans des cornues en terre réfractaire que l'on chauffe fortement dans un fourneau de galère (*fig.* 63).

Fig. 63. — Extraction du phosphore.

Le charbon décompose les deux tiers de l'acide phosphorique : il forme de l'oxyde de carbone et met en liberté le phosphore. Celui-ci distille et vient se condenser dans des récipients à demi remplis d'eau. La réaction peut s'exprimer comme suit :

$$3\,(CaO,2HO,PhO^5) + 10C = 10CO + 2Ph + 3CaO,PhO^5 + 6HO.$$

Il reste dans la cornue du phosphate tribasique de chaux que l'on pourra joindre à une nouvelle quantité de cendre d'os pour lui faire subir de nouveau le même traitement.

Le phosphore brut ainsi obtenu est filtré sur du noir animal (V. 146) et distillé dans l'hydrogène. Pour lui donner la forme de bâtons, on le maintient fondu sous l'eau et on le fait monter par aspiration dans des tubes de verre que l'on plonge ensuite dans l'eau froide.

81. Modifications du phosphore. — Conservés longtemps sous l'eau et dans l'obscurité, les bâtons de phosphore se couvrent d'une poussière blanche formée d'une infinité de très petits cristaux de phosphore; à la longue, l'altération gagne le centre du bâton qui devient complètement opaque (1).

Exposé à la lumière, le phosphore rougit à la surface. M. Schrœtter en montra la cause dans la production d'une variété *allotropique* de phosphore qu'il prépara sous le nom de *phosphore rouge*. On l'obtient industriellement en maintenant pendant plusieurs jours en vase clos, au voisinage de 240°, du phosphore ordinaire. La température s'él[illegible]e subitement à 260°, ce qui montre que la transformation s'est opérée avec dégagement de chaleur; on laisse alors refroidir l'appareil, et l'on traite la masse broyée par le sulfure de carbone, afin de dissoudre la petite quantité de phosphore ordinaire qui a échappé à la transformation.

On obtient ainsi une poussière rouge brun, insoluble dans le sulfure de carbone, non phosphorescente, ne s'enflammant à l'air que vers 260°.

Le phosphore rouge n'est pas vénéneux; il entre en combinaison bien plus difficilement que le phosphore ordinaire.

Préparé comme ci-dessus, le phosphore rouge est amorphe; il cristallise au-dessus de 500°.

82. Application. — La principale application du phos-

1. Cette particularité se retrouve dans tous les corps *vitreux*. Elle est bien manifeste dans le sucre de pomme (sucre fondu); le verre lui-même, au bout d'un grand nombre d'années, devient opaque et comme dépoli.

phore se trouve dans la fabrication des allumettes. Celles-ci, faites de bois léger et bien sec, sont d'abord trempées dans le soufre ou la cire fondus, puis posées un instant sur une table de marbre recouverte sur une faible épaisseur d'une pâte inflammable diversement composée; on les sèche ensuite à l'étuve.

1° *Allumettes ordinaires.* — La pâte est formée de phosphore ordinaire (35 p. 100), colle forte, sable fin, bioxyde de manganèse et vermillon délayés dans un peu d'eau.

2° *Allumettes sans soufre.* — La cire étant moins inflammable que le soufre, on ajoute à la pâte du chlorate de potasse destiné à activer la combustion.

3° *Allumettes sans phosphore.* — La pâte est formée de chlorate de potasse, sulfure d'antimoine et colle forte.

Ces allumettes ne s'enflamment facilement que si on les frotte sur un carton recouvert lui-même d'une pâte formée de phosphore rouge (75 p. 100), sulfure d'antimoine et colle forte.

COMPOSÉS OXYGÉNÉS DU PHOSPHORE

83. — Le phosphore s'unit à l'oxygène en quatre rapports différents pour former des composés acides bien connus :

Acide hypophosphoreux	PhO
Acide phosphoreux	PhO^3
Acide hypophosphorique	PhO^4
Acide phosphorique	PhO^5

Le premier n'est pas connu à l'état anhydre. Nous verrons se former (§ 88) les hypophosphites alcalins au moyen desquels on a pu obtenir la dissolution de l'acide hypophosphoreux. Ce corps jouit de propriétés réductrices énergiques qu'il partage avec le suivant.

L'acide phosphoreux anhydre se produit par la combustion lente du phosphore dans l'oxygène sec. C'est un corps solide blanc, combustible, et très avide d'eau.

ACIDE PHOSPHORIQUE

84. Propriétés. — L'acide phosphorique anhydre est un corps solide blanc, fusible et volatilisable au rouge. Jeté dans l'eau, il s'y dissout avec un bruissement semblable à celui que produit un fer rouge plongé dans ce liquide; ainsi se manifeste la chaleur dégagée qui est considérable. C'est un desséchant parfait; c'est par économie qu'on lui préfère l'acide sulfurique. Exposé à l'air humide, il se dissout rapidement dans l'eau qu'il absorbe; aussi ne peut-on le conserver que dans des flacons bien bouchés et séchés à l'avance.

Nous avons vu que ce corps est décomposable au rouge par le charbon (V. § 80).

85. Hydrates. — L'acide phosphorique anhydre jeté dans l'eau ne se combine d'abord qu'à un seul équivalent de celle-ci; il en prend à la longue un deuxième, puis un troisième; cette transformation s'effectue rapidement à l'ébullition.

Les trois hydrates phosphoriques forment avec les bases des sels très distincts, quelle que soit d'ailleurs la quantité d'eau en présence de laquelle la combinaison s'effectue. Aussi les désigne-t-on par des noms différents :

l'acide tri-hydraté	$PhO^5,3HO$	est dit acide	phosphorique ordinaire
— bi-hydraté	$PhO^5,2HO$	—	pyro-phosphorique
— monohydraté	PhO^5,HO	—	métaphosphorique

Ces noms rappellent que le deuxième de ces acides peut être obtenu en enlevant au premier par la chaleur une partie de son eau, et que le troisième est obtenu ensuite; il est impossible d'enlever à celui-ci son équivalent d'eau (1).

1. Remarque. — L'acide métaphosphorique ne peut se combiner à la soude par exemple que d'une seule manière : il n'y a qu'un seul métaphosphate de soude NaO,PhO^5; mais il y a deux pyrophosphates : $2NaO,PhO^5$ et NaO,HO,PhO^5, et trois phosphates ordinaires : $3NaO,PhO^5$ — $2NaO,HO,PhO^5$ et $NaO,2HO,PhO^5$.

Les équivalents d'eau contenus dans ces formules doivent être consi-

L'acide métaphosphorique se reconnaît à ce qu'il coagule l'albumine, à l'exclusion des deux autres. En combinaison avec les bases (neutralisé par la potasse ou l'ammoniaque par exemple) il détermine seul un précipité blanc dans la dissolution de chlorure de baryum.

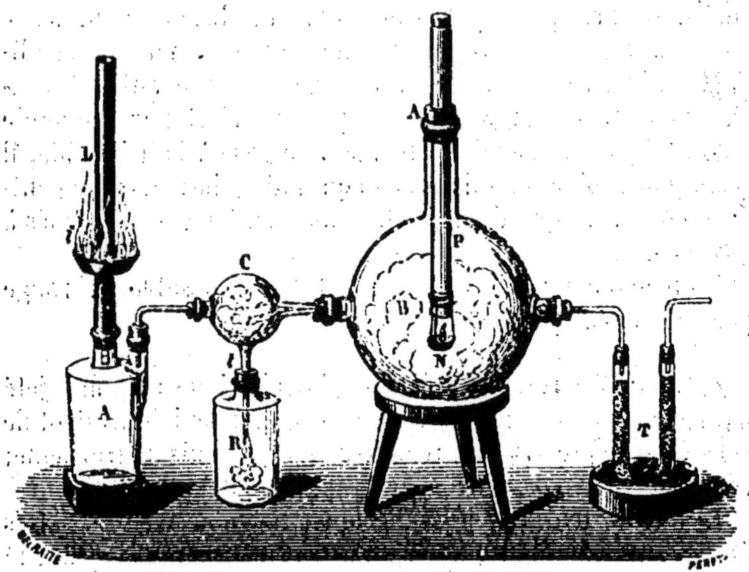

Fig. 64. — Préparation de l'acide phosphorique anhydre.

L'azotate d'argent donne un précipité jaune avec l'acide phosphorique ordinaire (neutralisé), et un précipité blanc avec les deux autres. On peut donc reconnaître les divers phosphates solubles par ces deux dernières réactions.

	Chlorure de baryum.	Azotate d'argent.
Phosphates ordinaires	néant	précipité jaune
Pyrophosphates	néant	— blanc
Métaphosphates	précipité blanc	— blanc

dérés comme ayant le rôle basique, et ont une importance spéciale. Ainsi le phosphate de soude du commerce cristallisé ($2\,NaO,HO,PhO^5 + 24\,HO$), contient 25 équivalents d'eau. On peut lui en enlever 24 par la chaleur, sans qu'il cesse de donner un précipité jaune avec l'azotate d'argent. Mais si on lui enlève son dernier équivalent d'eau, il se transforme en pyrophosphate et donne un précipité blanc.

86. Préparation. — L'acide phosphorique anhydre est le produit de la combustion vive du phosphore dans l'oxygène ou l'air secs.

Pour le préparer, on suspend au centre d'un grand ballon à trois tubulures (*fig.* 64) une petite coupelle où l'on introduit du phosphore séché avec soin, ainsi que l'air du ballon. On enflamme le phosphore au moyen d'une tige de fer chauffée. Par l'une des tubulures latérales on fait arriver de l'air qui se dessèche en T, et par l'autre sort l'azote entraînant de l'acide phosphorique qui se condense en C en flocons neigeux.

Pour préparer l'acide phosphorique ordinaire, on traite le phosphore par l'acide azotique étendu et bouillant. Quand le phosphore est dissous, on évapore d'abord à chaud et à l'air, puis à froid et dans le vide. Cet acide suffisamment concentré cristallise.

L'acide pyrophosphorique s'obtient en décomposant le pyrophosphate de plomb par l'acide sulfhydrique.

L'acide métaphosphorique est le résidu de la calcination du phosphate d'ammoniaque du commerce : c'est un corps solide vitreux.

PHOSPHURES D'HYDROGÈNE

87. Propriétés. — Le phosphore forme avec l'hydrogène trois composés répondant aux formules Ph^2H, PhH^2, PhH^3.

A la température ordinaire, le premier est un corps solide jaune, le deuxième un liquide incolore très volatil, le troisième un gaz incolore connu aussi sous le nom d'*hydrogène phosphoré*.

Ces trois corps brûlent dans l'air et forment de l'acide phosphorique et de l'eau. Le phosphure solide s'y enflamme vers 160°, le phosphure liquide à la température ordinaire, et le phosphure gazeux pur vers 100°.

L'hydrogène phosphoré se reconnaît à son odeur d'ail très prononcée. Sa densité est 1,185 ; il est peu soluble dans l'eau. La chaleur ou une suite d'étincelles électriques le décomposent en ses éléments.

Le mélange de 2 volumes d'oxygène et un volume de ce gaz détone très violemment.

88. Préparation. — On fait bouillir dans un petit ballon une dissolution concentrée de potasse avec du phosphore. Celui-ci décompose l'eau, s'unit en partie à l'hydrogène pour former le phosphure, et d'autre part à l'oxygène et à l'alcali pour former de l'hypophosphite de potasse, ce que l'on peut écrire ainsi (1) :

$$3\,(KOHO) + 4\,Ph = PhH^3 + 3\,(KO,PhO).$$

Mais cette réaction n'est pas la seule qui prenne naissance. Il se produit en même temps du phosphure liquide

$$2\,(KO\,HO) + 3\,Ph = PhH^2 + 2\,(KO,PhO),$$

dont les vapeurs rendent le gaz ainsi obtenu spontanément inflammable à la température ordinaire. Chaque bulle qui se dégage produit une petite explosion en arrivant au contact de l'air du ballon ; lorsque tout l'oxygène de celui-ci a été absorbé, le gaz ne s'enflamme plus qu'à l'extrémité du col, et c'est alors seulement qu'il convient d'adapter le tube abducteur. Lorsqu'on laisse se dégager le gaz sur la cuve à eau et dans un air bien calme, chaque bulle qui crève à la surface produit des couronnes, formées par l'acide phosphorique, qui s'élèvent en s'élargissant et en tourbillonnant (*fig.* 65).

La préparation que nous venons d'indiquer ne diffère de celle de Gengembre (qui découvrit l'hydrogène phosphoré en

1. Il conviendrait d'ajouter dans les 2 membres 6 équivalents d'eau, afin d'écrire la formule de l'hypophosphite : KO,2HO,PhO, ce qui exprime que l'acide est tribasique, quoique le sel ne contienne qu'un seul équivalent de potasse.

1783) qu'en ce que la potasse était remplacée par de la chaux ou de la baryte dont on faisait une bouillie épaisse avec de l'eau.

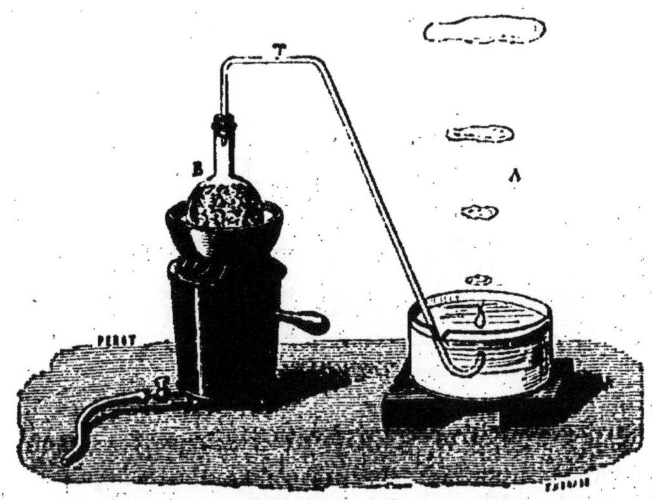

Fig. 65. — Préparation de l'hydrogène phosphoré.

Lorsqu'on abandonne sur la cuve à eau une éprouvette de ce gaz, on voit bientôt se déposer sur les parois du phosphure solide, et l'on constate que le gaz cesse d'être spontanément inflammable. Les vapeurs du phosphure liquide se sont décomposées suivant la formule

$$5\,PhH^2 = Ph^2H + 3\,PhH^3.$$

Cette décomposition se fait rapidement à la lumière solaire ou en présence de certains gaz tels que les acides sulfhydrique ou chlorhydrique.

On obtient encore facilement l'hydrogène phosphoré en décomposant par l'eau tiède le phosphure de calcium ($PhCa^2$), corps solide que l'on obtient en faisant passer des vapeurs de phosphore sur de la craie portée au rouge blanc.

L'opération se fait dans un flacon bitubulé (*fig.* 66) où l'on a fait passer d'abord un courant d'acide carbonique, afin d'éviter le mélange très explosif du gaz avec l'air du flacon ;

on introduit peu à peu le phosphure de calcium par le tube du milieu qui est très large.

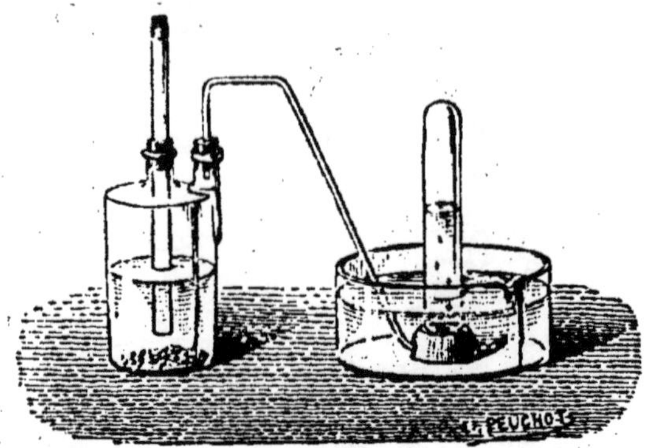

Fig. 66. — Préparation de l'hydrogène phosphoré par le phosphure de calcium.

Le gaz ainsi obtenu contient une très grande quantité de vapeurs de phosphure liquide que l'on peut condenser en le faisant passer dans un tube entouré d'un mélange réfrigérant.

Si l'on fait passer le gaz dans un flacon laveur à acide chlorhydrique, on voit se déposer le phosphure solide pulvérulent provenant de la décomposition du phosphure liquide indiquée ci-dessus. Aussi obtient-on le gaz à peu près pur et non spontanément inflammable à la température ordinaire en remplaçant dans cette préparation l'eau par l'acide chlorhydrique du commerce.

89. Analyse. — On reconnaît la composition de ces phosphures en les décomposant par le cuivre ; celui-ci se combine au phosphore et met l'hydrogène en liberté. Le phosphure gazeux pur sera, par exemple, traité ainsi dans la cloche courbe : un volume de ce gaz laisse comme résidu un volume et demi d'hydrogène. Or si de sa densité l'on retranche une fois et demi celle de l'hydrogène, on trouve le quart de la densité de vapeurs du phosphore :

$$1,185 - 0,104 = 1,081.$$

L'hydrogène phosphoré est donc formé d'un volume de vapeur de phosphore et de six volumes d'hydrogène condensés en quatre volumes.

ARSENIC (1)

90. — Propriétés. — L'arsenic est un corps solide, gris, d'aspect métallique; il est très friable. Sa densité est 5,63. Il se volatilise sans fondre vers 300°, à la pression ordinaire; on le fond aisément en vase clos.

Exposé à l'air, il se couvre d'une poussière noire d'oxydule dont on le débarrasse en le trempant dans l'eau de chlore. Il brille comme le phosphore dans l'oxygène raréfié, mais seulement à une température élevée : il s'y enflamme vers 450°, et brûle avec une flamme livide, en produisant de l'acide arsénieux (AsO^3). Jeté sur des charbons ardents, il brûle partiellement et dégage une forte odeur d'ail. Traité par l'acide azotique bouillant, il se transforme en acide arsénique (AsO^3).

Fig. 67. — Combustion de l'arsenic dans le chlore.

L'arsenic pulvérisé jeté dans un flacon plein de chlore y produit une pluie de feu et se transforme en chlorure d'arsenic (*fig.* 67).

91. Préparation. — L'arsenic se rencontre quelquefois dans la nature à l'état natif; il est ordinairement combiné au soufre ou aux métaux. On exploite particulièrement le mis-

1. Ce corps n'est pas dans le programme de la classe de rhétorique.

pickel ($FeAs + FeS^2$). Chauffé dans des cornues, ce corps laisse distiller l'arsenic ; il reste du sulfure de fer.

Le grillage de ces mêmes arséniures dans un courant d'air donne l'acide arsénieux, d'où l'on peut extraire l'arsenic en le calcinant avec du charbon.

92. Empoisonnement par l'arsenic. — Les composés arséniés sont très toxiques. Quelques-uns sont employés comme médicaments, tels que l'acide arsénieux et l'arséniate de soude ; mais on dépasse rarement la dose de 1 centigramme par jour. L'empoisonnement peut être foudroyant ou progressif; dans ce dernier cas, il est souvent accompagné d'amaigrissement. Pour reconnaître l'empoisonnement, on recherche l'acide arsénieux dans l'estomac et les matières vomies si l'empoisonnement est récent, dans le foie et l'intestin dans le cas contraire. Ces organes sont alors calcinés avec de l'acide sulfurique, afin de détruire la matière organique, et le résidu est introduit dans un appareil à hydrogène (appareil de Marsh, *fig.* 68).

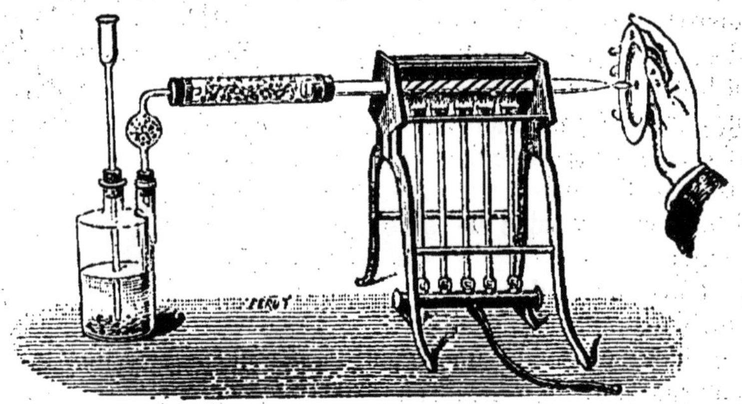

Fig. 68. — Appareil de Marsh pour reconnaître l'arsenic.

Les divers composés arséniés, l'acide arsénieux par exemple, sont réduits et transformés en arséniure d'hydrogène (AsH^3). Le gaz brûle à l'extrémité de l'appareil avec une flamme violacée livide. En écrasant cette flamme avec une capsule de porcelaine, on voit se former des taches noires d'arsenic ; ces taches traitées par l'acide azotique donnent de l'acide arsénique ; on évapore à siccité, et l'on traite le résidu blanc par l'eau, puis par l'azotate d'argent qui donne un précipité *rouge brique* d'arséniate d'argent (1).

Si l'on chauffe le tube de dégagement, on voit se déposer un anneau d'arsenic noir et miroitant que l'on déplace aisément par la chaleur.

1. L'antimoine donne des phénomènes très analogues, mais on le distingue facilement de l'arsenic par cette dernière réaction : on obtient par l'azotate d'argent un précipité blanc.

CHAPITRE IV

SOUFRE ET SES COMPOSÉS

SOUFRE

S. — Equiv[t] : 16; vol. : 1.

93. Propriétés physiques. — C'est un corps solide, jaune citron, insoluble dans l'eau, bien soluble dans le sulfure de carbone et la benzine. Il se présente souvent en gros cristaux transparents, dont la forme assez nettement octaédrique dérive du prisme droit à base rectangle. On peut reproduire ces cristaux en évaporant lentement la dissolution du soufre dans le sulfure de carbone ; leur densité est 2,03.

Le soufre est mauvais conducteur de l'électricité, et s'électrise très facilement par le frottement ; il se développe alors une odeur particulière connue depuis longtemps comme l'odeur de soufre ou d'électricité, et qu'il faut attribuer à l'ozone qui se produit toujours quand l'oxygène se trouve au contact d'un corps électrisé.

Il est aussi mauvais conducteur de la chaleur. Pour le montrer, on jette dans l'eau chaude un *canon de soufre* obtenu par fusion, qui se compose d'un lacis de cristaux aiguillés bien visibles sur la cassure. La partie périphérique s'échauffe seule, et les cristaux se séparent ou se brisent en faisant entendre des craquements.

Le soufre fond vers 114° en un liquide très mobile; la température s'élevant, il devient moins fluide et se colore en brun foncé ; à 200° il est aussi visqueux que le goudron le plus épais; il reprend ensuite peu à peu sa fluidité, et entre en ébullition vers 440°, en produisant des vapeurs rouge-brun dont la densité est 6,65 aux environs du point d'ébullition et s'abaisse à 2,22 vers 1000°. Par refroidissement lent, il repassé par les mêmes états en ordre inverse; mais il peut atteindre 90° sans se solidifier. On fait cesser la *surfusion* en y laissant tomber un cristal de soufre; la majeure partie de la masse cristallise instantanément, et la température remonte à 114° (1).

94. Polymorphisme du soufre. — Le soufre cristallise ordinairement dès qu'il atteint 114°; la solidification a lieu d'abord sur les parois du vase, puis à la surface libre. Si l'on verse alors le soufre resté liquide, on obtient des cristaux aiguillés transparents (*fig.* 69), très différents des cristaux naturels, et se rapportant au prisme oblique à base rectangle (4e système). Le soufre est donc un corps *dimorphe* (V. § 20) (2).

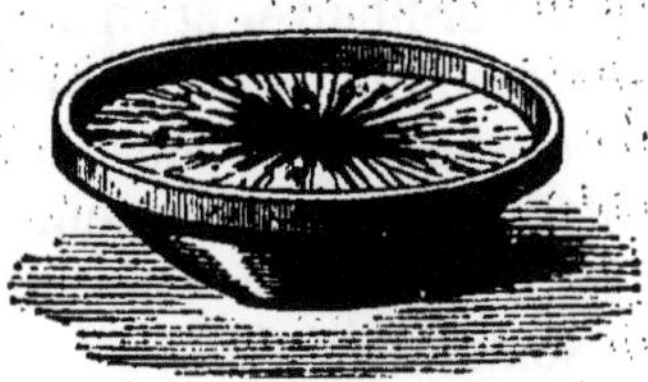

Fig. 69.— Cristallisation du soufre par fusion.

Outre ces deux variétés cristallines (3), il en existe d'autres qui font du soufre un corps des plus curieux par ses propriétés physiques. Le soufre en canons pulvérisé, ou mieux en *fleur*, traité par le sulfure de carbone, laisse un résidu presque blanc,

1. Le soufre fond à des températures variables avec son état physique; la température de 114° ainsi déterminée est *son point de fusion normal*.

2. Ces cristaux deviennent opaques à la longue, ou rapidement quand on les humecte avec du sulfure de carbone. Cette opacité est due à d'innombrables cloisons qui se sont produites dans l'intérieur de chaque cristal, de manière à le transformer en myriades de *cristaux élémentaires* du 3e système cristallin, sans changer la forme extérieure. Ce changement est accompagné de dégagement de chaleur et de diminution de volume. La densité des cristaux obtenus par fusion était de 1,97; elle devient 2,03.

Les cristaux naturels deviennent aussi opaques lorsqu'on les maintient à une température voisine de 110°; ils subissent la transformation inverse de la précédente avec absorption de chaleur et augmentation de volume.

On voit que l'équilibre moléculaire dépend de la température. Ainsi la dissolution du soufre dans la benzine laisse déposer des cristaux prismatiques au dessus de 23°, et des cristaux octaédriques à la température ordinaire. (Ch. Sainte-Claire Deville). Cependant cette même dissolution sursaturée donne, quelle que soit la température, des cristaux prismatiques ou octaédriques suivant qu'on y introduit un cristal déjà formé de l'une ou l'autre espèce (Gernez).

3. M. Gernez a récemment découvert une nouvelle variété cristalline du soufre.

le soufre *amorphe*, insoluble dans les dissolvants ordinaires de ce corps.

Cette variété, maintenue quelque temps à 100°, repasse à l'état de soufre ordinaire.

Enfin le soufre fondu vers 250°, coulé en mince filet dans l'eau froide, reste mou et élastique à la manière du caoutchouc; il perd cette propriété en quelques jours à la température ordinaire, et en quelques instants à 100°, avec un dégagement de chaleur notable. Si l'on plonge dans la vapeur d'eau bouillante un thermomètre dont le réservoir est entouré de soufre mou, on le voit s'élever subitement à 110° ou 112°. Le soufre mou contient en moyenne 50 p. 100 de soufre insoluble.

Nous comptons donc 4 états allotropiques divers du soufre (1).

95. Propriétés chimiques. — Le soufre chauffé au contact de l'air devient phosphorescent à 200°; il s'enflamme vers 250°, et brûle avec une flamme bleue, en produisant de l'acide sulfureux (SO^2). L'acide azotique l'oxyde plus complètement à l'ébullition, et le transforme en acide sulfurique (SO^3).

Le soufre se combine avec tous les corps simples, à l'exception de l'azote et de quelques métaux tels que l'or et le platine. Il est électro-positif ou combustible par rapport à l'oxygène, au chlore, au brome et à l'iode, électro-négatif ou comburant dans tous les autres cas (V. § 13, note).

Il a d'ailleurs la plus grande analogie avec l'oxygène. Les métaux et le charbon brûlent dans la vapeur de soufre comme dans l'oxygène, et produisent des composés semblables. Aussi a-t-on pu réunir dans une *famille naturelle* l'oxygène et le soufre avec le sélénium et le tellure, deux

1. Il est clair que les diverses variétés susceptibles de reproduire le soufre ordinaire avec dégagement de chaleur en produiront en brûlant plus que celui-ci.

On peut dire que le soufre refroidi plus ou moins brusquement a subi une sorte de *trempe*, et a conservé une partie de la chaleur qui lui a été communiquée pendant la fusion.

corps solides qui n'ont guère reçu d'applications, et dont les composés sont en tous points semblables à ceux du soufre.

96. État naturel. Extraction. — Le soufre est connu de toute antiquité. Il se trouve en grandes masses et à l'état de pureté dans le voisinage des volcans et des cratères éteints.

On explique sa formation par l'action d'une quantité limitée d'air, en présence de la lave encore chaude, sur le gaz acide sulfhydrique qui se dégage des cratères pendant des siècles après une grande éruption.

Pour séparer le soufre des matières terreuses avec lesquelles il est mélangé, on emploie divers procédés suivant la richesse du minerai et la plus ou moins grande rareté des combustibles. En Sicile, où ceux-ci sont rares, on sacrifie une partie du soufre (1/3 environ) dont la combustion détermine une élévation de température suffisante pour faire fondre le reste.

Fig. 70. — Distillation du soufre.

Le minerai est entassé en forme de meules circulaires reposant sur une sole inclinée et entourée d'un mur peu élevé (*calcaroni*). On ménage à l'intérieur des sortes de cheminées de tirage formées par de gros blocs de minerai entre lesquels les gaz circulent librement. On y met le feu, et l'on recouvre la meule de minerai en poudre et de terre pour modérer la combustion. L'opération faite sur une meule d'un millier de mètres cubes (20 mètres de diamètre) dure près d'un mois. Le rendement est ordinairement de 10 à 12 p. 100.

Lorsque le minerai est très riche et le combustible abondant, comme à Pouzzoles, on distille le soufre dans un fourneau de *galère* où des cornues rangées sur deux files reçoivent le minerai, tandis que des récipients placés au dehors condensent la vapeur du soufre (*fig.* 70).

Fig. 71. — Raffinage du soufre.

Le soufre brut ainsi obtenu est *raffiné* par distillation. La figure 71 montre, en A, la cornue cylindrique en fonte chauffée directement, en B, une chaudière d'où le soufre, maintenu en fusion par la chaleur perdue du foyer, peut s'écouler dans la cornue par un tube à robinet, de sorte que l'opération est continue. La vapeur se rend dans une chambre C en maçonnerie. Elle s'y condense directement à l'état solide si les parois sont à une température inférieure à 114°; c'est ainsi que se prépare la *fleur de soufre*, poudre cristalline contenant jusqu'à 25 pour 100 de soufre amorphe. Elle contient d'ailleurs des quantités notables d'acide sulfurique formé par l'action de l'oxygène sur le soufre pulvérulent et chaud.

Lorsque la chambre est à une température supérieure à 114°, le soufre passe à l'état liquide et se réunit sur la sole inclinée, d'où on le laisse couler dans des moules en bois légèrement coniques. C'est ainsi que l'on obtient les *canons* de soufre du commerce.

On extrait quelquefois le soufre des *pyrites* (sulfures de fer naturels); à la température du rouge, celles-ci perdent le tiers du soufre qu'elles contiennent, comme l'indique la formule (1) :

$$3\,FeS^2 = Fe^3S^4 + 2\,S.$$

97. Applications. — Le soufre est l'un des éléments de la poudre; il sert d'ailleurs à préparer l'acide sulfureux et l'acide sulfurique, le sulfure de carbone, les allumettes soufrées, etc.

La consommation annuelle pour la France s'élève à 30 millions de kilogrammes.

La fleur de soufre est employée pour préserver la vigne de l'*oïdium*.

COMPOSÉS OXYGÉNÉS DU SOUFRE

98. — Le soufre forme avec l'oxygène huit composés acides. La nomenclature ne présentant pas une variété de noms suffi-

1. Rapprocher cette formule de celle de la décomposition du bioxyde de manganèse par la chaleur (V. § 20).

sante pour les désigner tous, cinq d'entre eux ont été nommés suivant les règles ; ce sont :

Acide *hyposulfureux* S^2O^2
Acide *sulfureux* S^2O^4 ou, pour simplifier, SO^2
Acide *hyposulfurique* S^2O^5
Acide *sulfurique* S^2O^6 ou SO^3
Acide *persulfurique* S^2O^7.

Les autres ont été désignés par des noms particuliers :

Acide *pentathionique* S^5O^5
Acide *tétrathionique* S^4O^5
Acide *trithionique* S^3O^5.

Le premier de ceux-ci a même composition centésimale que l'acide hyposulfureux (ce que l'on exprime en disant qu'il est son *polymère*) ; les deux autres se placeraient par leur composition entre celui-ci et l'acide sulfureux.

A ces composés il convient d'ajouter l'acide *hydrosulfureux* (S^2O^3H) que l'on peut considérer comme une combinaison définie d'eau et d'acide hyposulfureux, bien distincte de ce dernier.

L'acide hyposulfureux forme un sel très important, l'hyposulfite de soude, que l'on obtient en faisant bouillir le sulfite neutre de soude avec du soufre.

Nous allons étudier en détail les acides sulfureux et sulfurique.

ACIDE SULFUREUX

SO^2. — Equivt : 32 ; vol. : 2.

99. Propriétés physiques. — Le gaz acide sulfureux est le principal produit de la combustion du soufre ; aussi est-il comme celui-ci connu de toute antiquité ; cependant sa composition n'est connue que depuis Gay-Lussac et Berzélius.

Il est incolore ; il a une saveur acide et une odeur vive et suffocante. Sa densité (2,234) est un peu plus que double de celle de l'oxygène.

L'eau en dissout 50 fois son volume à la température ordinaire. Il se liquéfie sous la pression atmosphérique à $-10°$, et se solidifie à $-75°$. On obtient facilement l'acide sulfureux liquide en faisant arriver le gaz sec dans un matras ou dans un tube en U plongé dans un mélange de glace et de sel marin (*fig.* 72.) On s'en sert souvent pour produire des froids très vifs, permettant de liquéfier à la pression

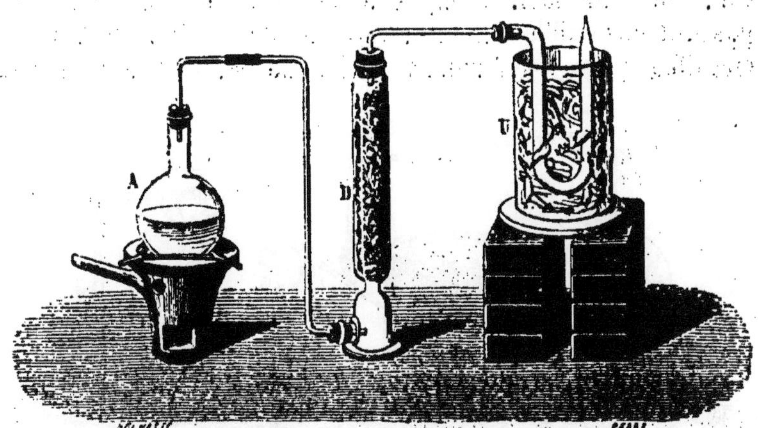

Fig. 72. — Préparation et condensation de l'acide sulfureux.

atmosphérique divers gaz tels que le chlore, le gaz ammoniac, etc. (Bussy). En y faisant passer un courant d'air rapide, on abaisse facilement la température vers — 60° ; on utilise cette propriété pour montrer dans les cours la solidification du mercure (*fig.* 73). Sous l'influence de nombreuses étincelles électriques, ou à une température élevée, l'acide sulfureux se décompose partiellement en soufre et oxygène ; celui-ci se porte sur une partie du gaz non décomposé et forme de l'acide sulfurique (1).

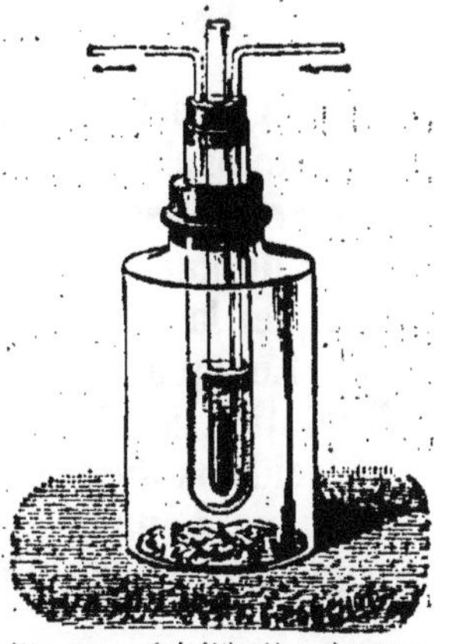

Fig. 73.— Solidification du mercure au moyen de l'acide sulfureux.

1. Cependant le gaz traversant un tube porté aux plus hautes températures, en sort intact; car l'acide sulfurique étant lui-même décomposable (V. § 27) ne peut se former à une température élevée; le soufre et l'oxygène dissociés se recombinent peu à peu en passant dans les parties plus froides. Pour mettre en évidence la dissociation, H. Deville a imaginé une disposition qui permet de séparer en les refroidissant subitement les produits de la décomposition.

Un tube de laiton argenté est monté dans un autre plus large en porcelaine

100. Propriétés chimiques. — Le gaz sulfureux éteint une allumette enflammée; il rougit fortement la teinture de tournesol. L'oxygène et l'acide sulfureux secs passant ensemble sur de la mousse de platine légèrement chauffée (*fig.* 74) forment de l'acide sulfurique anhydre,

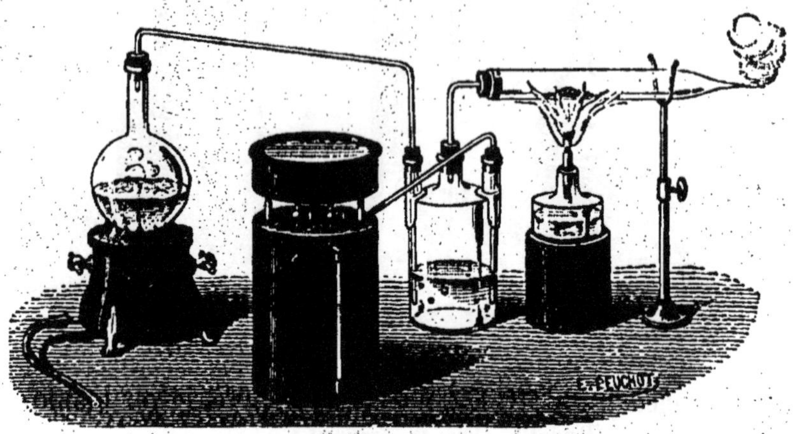

Fig. 74. — Combinaison de l'acide sulfureux et de l'oxygène.

dont les vapeurs produisent des fumées blanches au contact de l'atmosphère humide. Ces deux gaz se combinent de même en présence de l'eau. Aussi doit-on préparer la dissolution du gaz sulfureux avec de l'eau privée d'air par l'ébullition, et la conserver dans des flacons remplis et bien bouchés. Lorsque ces conditions n'ont pas été observées, cette dissolution contient toujours de l'acide sulfurique.

L'acide sulfureux est un *réducteur* puissant : il enlève l'oxygène à un grand nombre de composés oxygénés pour former de l'acide sulfurique. Nous donnerons comme exemple

vernie, que l'on porte au rouge blanc dans un fourneau à réverbère (*fig.* 13). On fait passer un courant rapide d'eau froide dans le tube central, pendant que le gaz circule dans l'espace annulaire. Après l'expérience, on constate que le tube froid s'est couvert de sulfure noir d'argent et de petites quantités d'acide sulfurique anhydre qui, absorbant la vapeur d'eau atmosphérique, forment de nombreuses gouttelettes d'acide hydraté, facile à reconnaître au précipité blanc qu'il détermine dans la dissolution étendue de chlorure de baryum.

son action sur l'acide azotique et l'acide permanganique.

Lorsque dans un flacon rempli d'acide sulfureux l'on verse un peu d'acide azotique, il se produit de l'acide hypoazotique si l'acide est concentré, du bioxyde d'azote lorsqu'il est étendu. Dans tous les cas, il se forme de l'acide sulfurique. On peut écrire ces réactions comme suit :

$$AzO^5HO + SO^2 = AzO^4 + SO^3HO$$
$$AzO^5,3HO + 3SO^2 = AzO^2 + 3(SO^3HO)$$

La réduction peut aller plus loin, si l'acide sulfureux est en grand excès; il se produit alors du protoxyde d'azote.

La solution d'acide sulfureux, versée dans une dissolution de permanganate de potasse fortement colorée en violet, la décolore (1).

C'est à ce mode d'action qu'il faut rapporter en général le pouvoir décolorant de ce gaz. Ainsi l'on peut faire disparaître les taches de vin ou de fruits sur le linge en faisant brûler du soufre sous un cornet de papier qui dirige le gaz sulfureux sur la tache imbibée d'eau. On lave ensuite, afin d'enlever l'acide sulfurique formé. Si les produits de la réduction des substances colorantes n'ont pas été totalement enlevés, il arrive que ceux-ci se réoxydent au contact de l'air, et la tache reparaît.

Dans certains cas, la matière colorante paraît avoir conservé ses propriétés fondamentales. Ainsi, des violettes décolorées par l'acide sulfureux rougissent encore quand on les trempe dans les acides, et verdissent dans les alcalis.

Quoique réducteur, l'acide sulfureux est réduit lui-même par l'hydrogène. Ces gaz, passant ensemble dans un tube porté au rouge, forment de l'eau et du soufre :

$$SO^2 + 2H = 2HO + S.$$

La réaction est plus complète quand on introduit dans

1. L'acide permanganique (Mn^2O^7) a été converti en protoxyde ou en sesquioxyde de manganèse qui se combinent, ainsi que la potasse, à l'acide sulfurique formé.

un appareil à hydrogène en activité l'acide sulfureux en dissolution : il se forme de l'eau et du gaz acide sulfhydrique

$$SO^2 + 3H = 2HO + HS.$$

On constate la formation de celui-ci en dirigeant le gaz qui se dégage à travers une dissolution d'un sel de plomb (acétate, par exemple), où il détermine un précipité noir de sulfure de plomb.

101. Préparation. — On obtient l'acide sulfureux dans les laboratoires en décomposant, à une température peu élevée, l'acide sulfurique concentré par le mercure ou le cuivre. Ce dernier a souvent la préférence, parce qu'il coûte bien moins cher; mais il a l'inconvénient de produire, surtout au début de l'expérience, un tel boursouflement que le liquide de la cornue passerait par le tube abducteur si l'on n'enlevait le feu à temps.

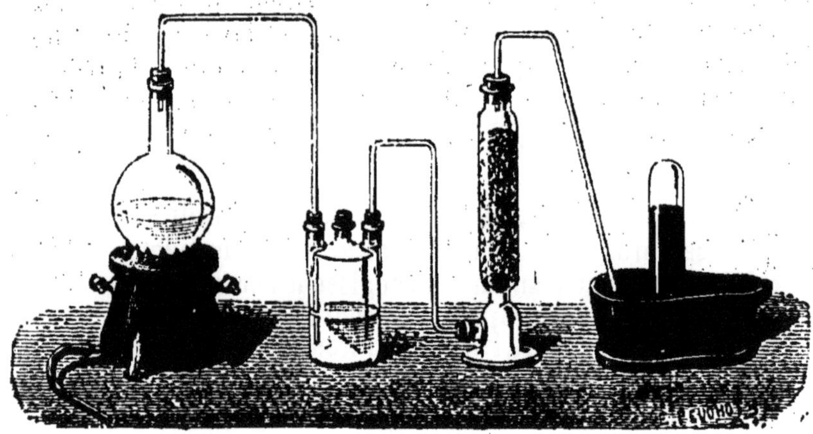

Fig. 78. — Préparation de l'acide sulfureux sec.

Le métal prend à l'acide sulfurique un équivalent d'oxygène pour former un protoxyde, qui se combine avec un autre équivalent d'acide non décomposé

$$Hg + 2(SO^3HO) = SO^2 + HgO,SO^3 + 2HO.$$

Le gaz convenablement desséché est recueilli sur la cuve à mercure (*fig.* 75).

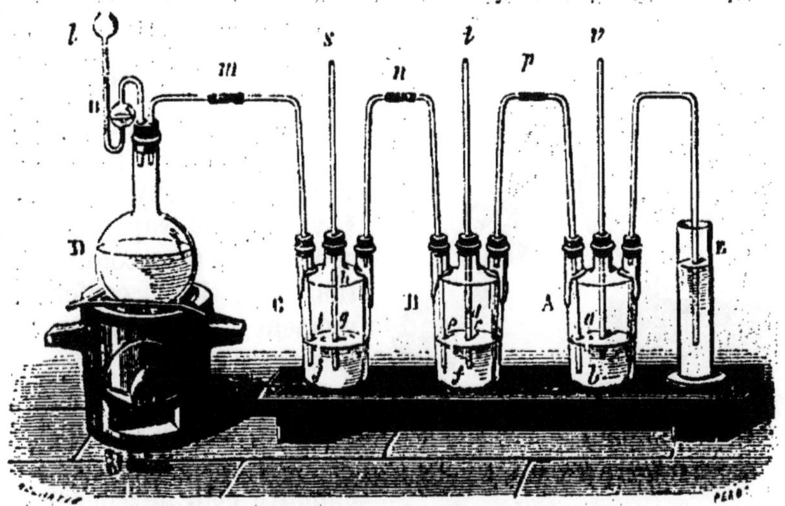

Fig. 76. — Préparation de la dissolution d'acide sulfureux.

Pour préparer économiquement la dissolution d'acide sulfureux, on fait arriver dans des flacons de Woolf (*fig.* 76) contenant de l'eau privée d'air, le mélange de ce gaz et d'acide carbonique produits par l'action du charbon sur l'acide sulfurique :

$$C + 2(SO^3HO) = 2SO^2 + CO^2 + 2HO.$$

La petite quantité d'acide carbonique qui se dissout en même temps que l'acide sulfureux ne gêne pas les réactions de celui-ci.

102. Composition. — Dans un ballon rempli d'oxygène sur la cuve à mercure (*fig.* 77), on introduit un morceau de soufre, que l'on enflamme ensuite en concentrant sur lui, au moyen d'une lentille, les rayons solaires. Après refroidissement, le mercure revient sensiblement au même point.

Le gaz sulfureux contient donc son volume d'oxygène (1).

Or si de sa densité (2,234) nous retranchons celle de l'oxygène (1,106) nous trouvons 1,128 qui est à peu près la demi-densité de vapeur du soufre. Le gaz est donc formé de 2 volumes d'oxygène et 1 volume de vapeur de soufre, unis avec contraction d'un tiers, conformément à la loi de Gay-Lussac (V. § 9 et 37).

Fig. 77. — Synthèse de l'acide sulfureux.

103. Applications. — L'acide sulfureux est employé pour le blanchiment de la laine et de la soie, de la paille, de la gélatine, etc. Pour blanchir la laine, on la suspend humide dans une grande chambre que l'on remplit d'acide sulfureux en y brûlant du soufre. La décoloration obtenue, on lave afin d'enlever l'acide sulfurique formé.

Les fumigations d'acide sulfureux sont employées pour détruire le parasite de la gale (acarus). Pour préserver les boissons alcooliques de la fermentation acétique (V. § 246) on brûle dans les tonneaux des mèches soufrées.

Citons encore l'extinction des feux de cheminées, obtenue en jetant du soufre dans le foyer, et fermant l'orifice inférieur de la cheminée par un drap mouillé. La suie éteinte par l'acide sulfureux devient difficilement combustible, parce qu'elle a absorbé une quantité notable de ce gaz.

1. En réalité, le mercure remonte un peu plus haut. L'acide sulfureux contient plus que son volume d'oxygène. Ce gaz, s'écartant notablement de la loi de Mariotte à la température ordinaire, prend un volume inférieur à celui d'un gaz parfait qui aurait la même composition. Notre raisonnement s'appliquerait exactement à ce gaz parfait dont la densité théorique serait 2,21 au lieu de 2,234 (V. § 11, note).

ACIDE SULFURIQUE

SO^3. — Equiv[t] : 40; vol. : 2.

104. Historique. — L'acide sulfurique était connu dès le dixième siècle, en combinaison avec l'eau. Au quinzième siècle, Bazile Valentin l'obtenait par la distillation sèche du sulfate de fer (vitriol vert) : d'où le nom d'*huile* ou *esprit de vitriol* qu'il conserva longtemps. Certains fleuves ou torrents qui sortent des chaînes volcaniques des Andes en contiennent jusqu'à 11 grammes par litre (Rio-Vinagre, Ruyz).

105. Acide sulfurique anhydre. — L'acide sulfurique anhydre se présente en longues aiguilles blanches soyeuses ; il fond à 18° et bout vers 35°. Préparé depuis longtemps, il reste solide jusque vers 100°, par suite d'un changement d'état isomérique. Il se combine à l'eau avec un vif dégagement de chaleur, manifesté par le bruissement qu'il fait entendre quand on le jette dans ce liquide. Si l'on met en présence l'acide et l'eau à équivalents égaux, la combinaison se fait avec explosion et dégagement de lumière.

On l'obtient en condensant les vapeurs produites par l'action de l'oxygène sur l'acide sulfureux sec en présence de la mousse de platine (*fig.* 74) ou en distillant à une température inférieure à 100° l'acide sulfurique fumant (acide de Nordhausen ou de Saxe).

106. Acide fumant. — Celui-ci est un liquide fumant à l'air humide ; il contient en moyenne un équivalent d'eau pour 2 d'acide sulfurique ($2SO^3,HO$). L'acide pur ayant exactement cette composition est solide au-dessous de 35°.

Préparé aujourd'hui en France par un procédé tenu secret, ce corps s'obtenait autrefois en Saxe et en Bohême par la calcination du sous-sulfate de sesquioxyde de fer à peu près sec ($Fe^2O^3, 2SO^3$) (1).

1. Une variété de sulfure de fer, la pyrite blanche, très abondante aux

L'acide se dégage, et il reste dans les cornues du sesquioxyde de fer très pulvérulent que l'on utilise, sous les noms de *colcotar* et de *rouge d'Angleterre*, pour le polissage des métaux et des glaces.

L'acide fumant était exclusivement employé en teinture pour préparer la cuve d'indigo, à une époque où l'on ne savait pas enlever à l'acide ordinaire les composés azotés qu'il contient. Ceux-ci ont l'inconvénient de décolorer l'indigo, qui est un produit très coûteux.

ACIDE NORMAL OU ORDINAIRE

107. Propriétés. — L'acide sulfurique normal des laboratoires est le plus concentré que l'on obtienne par la distillation de l'acide étendu. Il contient un peu plus d'eau que l'acide monohydraté (SO^3,HO). Il bout à 325° et se congèle vers — 34°; sa densité est 1,85 (1).

La décomposition de l'acide sulfurique par la chaleur a été utilisée pour préparer l'oxygène (§ 28).

L'acide sulfurique est *réduit* par la plupart des corps simples. Il ne faut excepter que l'oxygène, l'azote, l'or et le platine.

L'hydrogène le décompose au rouge pour donner de l'eau et de l'acide sulfureux, du soufre ou même de l'acide sulfhydrique, suivant la température et les proportions des corps en présence.

Le charbon, le soufre, le phosphore et, parmi les métaux, l'argent, le mercure, le cuivre, le plomb, donnent

environs de Nordhausen, se transforme au contact de l'air en sulfate de protoxyde de fer. On en fait des monceaux que l'on arrose de temps à autre; l'eau dissout le sulfate formé et l'abandonne ensuite par évaporation. Celui-ci, séché dans une flamme oxydante, donne le produit ci-dessus.

1. On pourrait représenter l'acide normal par la formule de $SO^3,HO\frac{13}{12}$ correspondant à un excès d'eau de 1,5 pour 100 d'acide monohydraté. Ce dernier reste solide jusqu'à 10°,5.

de l'acide sulfureux (V. § 101). L'action de l'acide étendu sur le fer et le zinc est utilisée pour la préparation de l'hydrogène.

Cet acide est très énergique ; il dégage en se combinant aux bases une quantité énorme de chaleur. Une goutte d'une dissolution de potasse ou d'ammoniaque tombant dans l'acide normal s'y dissout avec bruissement ; si l'on opérait sur une plus grande quantité de matière, on déterminerait une projection dangereuse et même une explosion. Il serait aussi imprudent de verser de l'eau dans l'acide concentré. Si l'on verse peu à peu, et en agitant, l'acide dans l'eau, la température peut s'élever au-dessus de 100°. On obtient encore une élévation de température considérable en mélangeant 1 partie de glace avec 4 d'acide sulfurique, quoique la fusion de la glace soit accompagnée d'une grande absorption de chaleur. Mais celle-ci l'emporte si l'on mélange 4 parties de glace et 1 d'acide sulfurique ; la température s'abaisse vers — 20°.

Exposé à l'air humide, l'acide normal absorbe jusqu'à 15 fois son volume d'eau : aussi est-il employé comme desséchant dans les laboratoires. L'avidité de l'acide sulfurique pour l'eau explique son action destructive sur les tissus organisés. Un morceau de bois plongé dans ce liquide est rapidement carbonisé (1).

Introduit dans le tube digestif, il le perfore presque instantanément. Cette sorte d'empoisonnement mécanique est irrémédiable. Les brûlures qu'il produit sur la peau sont très dangereuses ; on les traite par l'application de la chaux ou de la magnésie ; ces bases ont pour effet de neutraliser l'acide.

108. Préparation. — La préparation industrielle de

(1) La cellulose, formée de carbone et d'hydrogène et oxygène à équivalents égaux, abandonne ceux-ci à l'acide sous forme d'eau ; il ne reste que le carbone.

C'est à la carbonisation des poussières atmosphériques tombées dans l'acide qu'il faut attribuer la coloration brune qu'il prend à la longue au contact de l'air.

l'acide sulfurique se fait dans les *chambres de plomb* (1), où l'on met en présence l'acide sulfureux, l'oxygène de l'air, la vapeur d'eau, et du bioxyde d'azote. Ce dernier peut être considéré comme le véhicule destiné à porter l'oxygène sur l'acide sulfureux avec lequel il se combine difficilement. Il est introduit dans les appareils sous forme d'acide azotique.

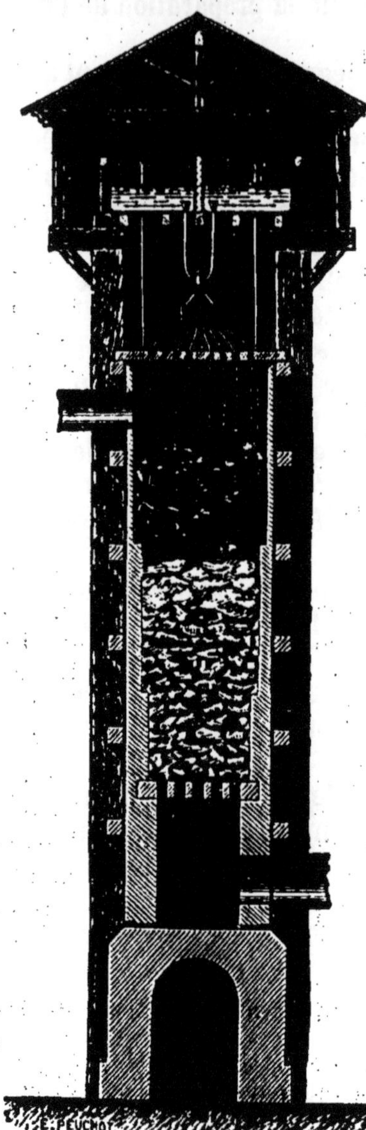

Fig. 78. — Tour de Glover.

L'acide sulfureux est produit par la combustion du soufre ou des pyrites dans des fours, où l'on règle l'entrée de l'air de manière que l'oxygène en excès soit entraîné en quantité suffisante dans les chambres.

Les gaz chauds traversent de bas en haut une colonne (tour de Glover) remplie de

1. Le plomb est parmi les métaux usuels le moins attaquable; on peut faire bouillir l'acide sulfurique marquant 60° Baumé dans une bassine en plomb, sans que celle-ci soit notablement détériorée. On évite avec soin l'introduction d'aucun autre métal dans les chambres, et les lames de plomb qui en forment les parois sont réunies par des soudures autogènes (§ 34). Elles sont soutenues par une forte charpente qui enveloppe les chambres. Le nombre de chambres varie de trois à six suivant les usines; leur capacité totale est d'environ 6000 mètres cubes et leur prix dépasse 200 000 francs.

gros morceaux de coke ou de brique sur lesquels coule l'acide sulfurique provenant d'une préparation antérieure, en même temps que de l'acide azotique qui tombe d'un vase de Mariotte. Celui-ci se vaporise, et se trouve entraîné avec les produits azotés que contient l'acide sulfurique (nous en indiquerons plus loin l'origine) et l'eau que celui-ci renferme en excès. Les gaz passent alors successivement dans plusieurs chambres où arrivent de nombreux jets de vapeur d'eau.

La réaction mutuelle de l'acide azotique, de l'acide sulfureux et de l'eau, dès la tour de Glover, donne, comme on l'a vu plus haut, du bioxyde d'azote et de l'acide sulfurique :

$$3SO^2 + AzO^5,3HO = 3(SO^3, HO) + AzO^2.$$

Désormais l'oxydation de l'acide sulfureux peut s'expliquer par les réactions suivantes.

Le bioxyde d'azote, en présence de l'oxygène, se transforme en acide hypoazotique

$$AzO^2 + 2O = AzO^4.$$

Celui-ci, sous l'action combinée de l'acide sulfureux et de l'eau, repasse à l'état de bioxyde d'azote, en produisant de l'acide sulfurique :

$$AzO^4 + 2HO + 2SO^2 = AzO^2 + 2(SO^3HO).$$

Le même cycle d'opérations pourra se reproduire indéfiniment, et si les composés azotés n'étaient partiellement entraînés dans la cheminée d'appel, ou trop complètement réduits par l'acide sulfureux (V. § 100), une quantité donnée d'acide azotique pourrait servir à la formation d'une quantité illimitée d'acide sulfurique.

L'acide sulfurique ruisselle sur les parois, et se réunit dans la cuvette de la chambre, d'où il passe à l'extérieur. Il achève de se condenser dans la dernière chambre où n'arrivent plus de jets de vapeur, puis dans une colonne doublée de plomb à l'intérieur (tour de Gay-Lussac) et contenant du coke sur lequel on fait couler de l'acide sulfurique concentré, qui recueille la majeure partie des produits azotés, entraînés par l'azote qui s'introduit dans les chambres en même temps que l'acide sulfureux. Cet acide, réuni à celui qui sort des chambres, est reporté dans la tour de Glover où il abandonne ces composés azotés.

Fig. 79. — Chambres de plomb et tour de Gay-Lussac.

L'acide sortant des chambres ne marque que 50° ou 52° Baumé; il marque 60° au sortir de la tour de Glover.

Un grand nombre d'industries l'emploient à cet état; mais on le concentre pour les laboratoires à 66°, en le portant à l'ébullition dans une cornue de platine à laquelle est adapté un serpentin de même métal (1).

Remarques. — L'acide du commerce contient comme principales impuretés de l'arsenic (acide arsénique) provenant des pyrites, du plomb (sulfate de plomb) provenant des chambres, et des produits sulfo-azotés non volatils. On évite

1. Le platine et l'or seuls ne sont pas dissous par l'acide concentré et bouillant. Cependant le métal subit quelque modification moléculaire et devient cassant. Lorsqu'une cornue s'est percée, il faut la refondre entièrement, ce qui est coûteux. Cet alambic coûte environ 30 000 francs.

Malgré le prix élevé des appareils, l'acide sulfurique normal peut être livré au commerce au prix de 0fr,30 le litre.

l'arsenic en remplaçant les pyrites par le soufre. On s'en débarrasse, ainsi que du plomb, en faisant passer dans l'acide étendu un courant de gaz sulfhydrique, qui les précipite à l'état de sulfures. On détruit les composés azotés en distillant l'acide avec un peu de sulfate d'ammoniaque (*fig.* 80) (1).

Fig. 80. — Distillation de l'acide sulfurique dans les laboratoires.

On figure dans les cours la préparation de l'acide sulfurique en faisant arriver de l'acide sulfureux, de l'air, du bioxyde d'azote et de la vapeur d'eau dans un grand ballon (*fig.* 81). Si l'eau ne se trouve pas en quantité suffisante, on voit se déposer sur les parois du ballon un corps solide blanc cristallisé, que l'on rencontre accidentellement dans les tuyaux qui séparent les chambres de plomb de l'industrie, et connu sous le nom de cristaux des chambres de plomb (S^2AzO^9). Il se détruit avec effervescence sous l'action de l'eau, et forme de l'acide sulfurique et de l'acide hypoazotique.

109. Composition. — Lorsqu'on décompose l'acide sulfurique par la chaleur, on constate qu'il se dégage 2 volumes d'acide sulfureux pour 1 d'oxygène. Or le premier contient 1 volume de vapeur de soufre pour 2 d'oxygène ; on voit donc que l'acide sulfurique anhydre est formé de 1 vo-

1. Il se produit de l'azotite et de l'azotate d'ammoniaque, qui se décomposent, sous l'action de la chaleur, en eau et en azote ou protoxyde d'azote.

lume de vapeur de soufre pour 3 d'oxygène. La formule SO^3 correspond, d'après la loi de Gay-Lussac, à 2 volumes de vapeur; pour des raisons que nous indiquerons (§ 177) il convient de doubler cette formule (S^2O^6).

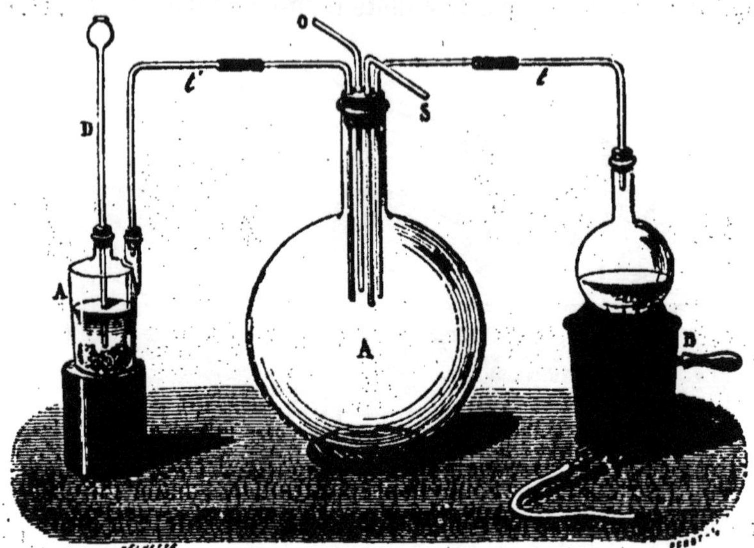

Fig. 81. — Préparation de l'acide sulfurique.

110. Applications. — Parmi les nombreux usages de l'acide sulfurique citons la fabrication industrielle des sulfates de soude et de cuivre, des acides azotique, chlorhydrique, acétique et stéarique, du phosphore, etc. L'on peut évaluer la production annuelle de la France à 80 millions de kilogrammes.

ACIDE SULFHYDRIQUE

HS. — Équiv[t] : 17; vol. : 2.

111. Propriétés physiques. — Le gaz acide sulfhydrique fut étudié par Rouelle (1773) sous le nom d'air puant; sa composition fut reconnue par Scheele.

Il est incolore, a une saveur sucrée et une odeur fétide, celle des œufs pourris. Il est un peu plus lourd que l'air (D = 1,19). L'eau en dissout 3 à 4 fois son volume à la température ordinaire. Il se liquéfie à 0° sous la pression de 16 atmosphères. On le montre dans les cours en enfermant dans le tube de Faraday du bisulfure d'hydrogène (HS^2) qui se décompose spontanément en soufre et acide sulfhydrique; celui-ci se condense à l'extrémité refroidie (*fig.* 82). Ce corps se solidifie à — 80°.

Fig. 82. — Liquéfaction de l'acide sulfhydrique.

112. Propriétés chimiques. — Sous l'action de la chaleur ou d'une série d'étincelles électriques, le gaz sulfhydrique se décompose en soufre et hydrogène (1). Il rougit faiblement la teinture de tournesol.

Ce gaz brûle au contact de l'air avec une flamme bleue pâle. Si l'on opère dans une éprouvette étroite, il se produit de l'eau, et du soufre se dépose :

$$HS + O = HO + S$$

Il en est de même si l'on enflamme un mélange formé de 2 volumes de ce gaz pour 1 d'oxygène. Mais avec 3 volumes de ce dernier pour 2 de gaz sulfhydrique, on obtient une forte explosion, et il se produit de l'eau et de l'acide sulfureux :

$$HS + 3O = HO + SO^2.$$

1. Toutefois, ces deux derniers corps se combinent partiellement lorsqu'on les chauffe en vase clos vers 440°.

On voit également se produire la première réaction en présence de l'eau. Aussi doit-on préparer la dissolution de l'acide sulfhydrique avec de l'eau privée d'air et la conserver en flacons pleins et bien bouchés. Si ces conditions n'ont pas été remplies, on voit bientôt se former un dépôt de soufre.

L'action est plus complète en présence des corps poreux; il peut se produire de l'acide sulfurique :

$$HS + 4O = SO^3,HO.$$

Ainsi, dans les établissements de bains sulfureux, les tentures sont rapidement rongées par l'acide sulfurique produit de cette manière dans les pores des tissus (Dumas).

Un grand nombre de composés oxygénés sont détruits par l'acide sulfhydrique.

L'acide azotique fumant, introduit dans un petit flacon rempli de ce gaz, y détermine une vive réaction avec dégagement de lumière. Il s'est produit du soufre et de l'acide hypoazotique.

$$AzO^5HO + HS = S + AzO^4 + 2HO.$$

L'acide sulfureux et l'acide sulfhydrique, réagissant à une température élevée, produisent de l'eau et du soufre :

$$SO^2 + 2HS = 3S + 2HO.$$

Une réaction analogue a lieu en présence de l'eau (1). On le constate en agitant une dissolution d'acide sulfureux dans une éprouvette remplie de gaz sulfhydrique : il se produit un dépôt laiteux de soufre.

L'acide sulfurique réagit également sur l'acide sulfhydrique à une température peu élevée; il se produit de l'acide sulfureux, du soufre et de l'eau.

Nous étudierons prochainement l'action du chlore et de ses analogues.

La plupart des métaux décomposent l'acide sulfhydrique et

1. On en profite pour détruire dans les usines l'acide sulfhydrique qui se dégage de certaines réactions, en faisant arriver ce gaz avec de l'acide sulfureux dans des bassins pleins d'eau.

se transforment en sulfures. Il faut en excepter l'or, le platine et l'aluminium. L'argent, par exemple, noircit en présence de ce gaz.

Introduit dans un grand nombre de solutions salines, l'acide sulfhydrique précipite le métal à l'état de sulfure. Cette propriété est utilisée pour l'analyse qualitative des sels.

113. Action physiologique. — Le gaz sulfhydrique est un poison violent : mélangé à l'air à la dose de 1/500 (2 litres par mètre cube d'air), il devient très dangereux pour l'homme. A une dose plus forte, ou mélangé de sulfhydrate d'ammoniaque (AzH^4S), il produit une asphyxie instantanée que les ouvriers vidangeurs appellent le *plomb*. On combat son action par l'inhalation de petites quantités de chlore (§ 119). On désinfecte les fosses d'aisances au moyen de ce dernier, à l'état de chlorure de chaux, ou du sulfate de fer qui décompose le sulfhydrate d'ammoniaque en produisant du sulfure de fer et du sulfate d'ammoniaque :

$$FeO,SO^3 + AzH^4S = FeS + AzH^4O,SO^3.$$

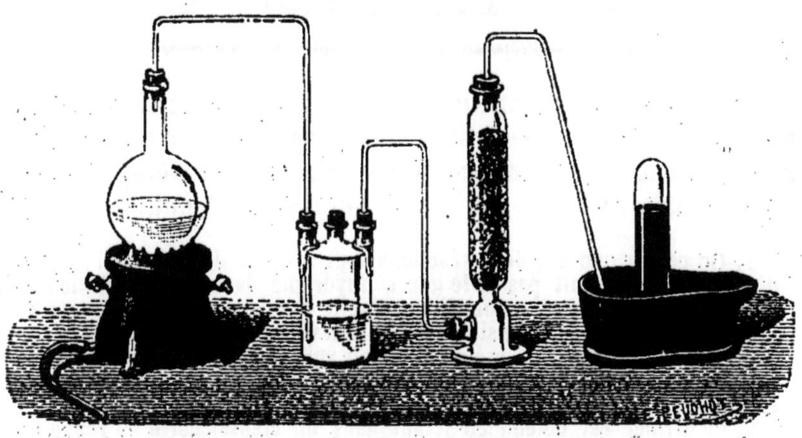

Fig. 83. — Préparation de l'acide sulfhydrique pur et sec.

114. Préparation. — On obtient le gaz sulfhydrique dans les laboratoires en traitant le sulfure d'antimoine naturel (stibine) ou le sulfure de fer artificiel par l'acide chlorhydrique (1) :

$$SbS^3 + 3HCl = SbCl^3 + 3HS$$
$$FeS + HCl = FeCl + HS.$$

Dans le premier cas, l'on chauffe doucement dans un ballon (*fig.* 83) le sulfure d'antimoine pulvérisé avec de l'acide chlorhydrique concentré. Pour avoir le gaz pur et sec, on le fait passer dans un flacon laveur contenant une dissolution de sulfure de potassium, où il laisse l'acide chlorhydrique entraîné, puis dans une colonne à chlorure de calcium, et on le recueille sur la cuve à mercure.

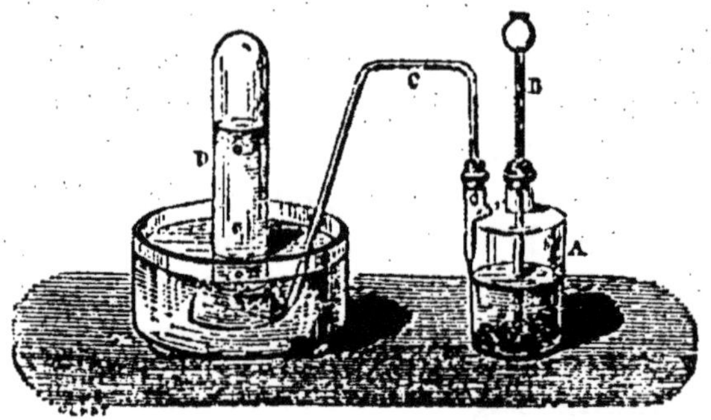

Fig. 84. — Préparation de l'acide sulfhydrique à froid.

La deuxième préparation se fait comme celle de l'hydrogène (*fig.* 84), elle n'en diffère qu'en ce que le fer ou le zinc a été remplacé par le sulfure de fer (2). On peut remplacer ici l'acide chlorhydrique par l'acide sulfurique étendu.

1. On notera que ces deux réactions sont inverses de celles qui se produisent lorsqu'on fait passer le gaz sulfhydrique dans une dissolution de chlorure de fer ou d'antimoine. Il en résulte que les unes et les autres se limitent mutuellement. Ainsi lorsqu'on laisse refroidir le ballon où l'on vient de faire la première préparation, on voit se former sur ses parois du sulfure d'antimoine hydraté, d'une couleur orange caractéristique; l'acide sulfhydrique en excès déplace à son tour l'acide chlorhydrique.

2. Ce dernier est obtenu en jetant dans un creuset porté au rouge un mélange à poids égaux de soufre pulvérisé et de limaille de fer. La masse fondue est coulée et concassée. Quoique le soufre ait été mis en excès (28 grammes au lieu de 16), le sulfure ainsi préparé contient toujours du fer non combiné, par suite de la volatilisation du soufre. Il en résulte que le gaz obtenu contient toujours plus ou moins d'hydrogène.

On construit pour l'usage journalier dans les laboratoires des appareils continus (*fig.* 22).

115. Analyse. — Dans la cloche courbe, on chauffe un morceau d'étain en présence d'un volume connu d'acide sulfhydrique (*fig.* 85). L'étain se transforme en sulfure, et l'on constate après refroidissement que le mercure est revenu au même point dans l'éprouvette. Celle-ci ne contient plus que de l'hydrogène. Le gaz soumis à l'expérience contient donc son volume de ce dernier. Or si de la densité de l'acide sulfhydrique on retranche celle de l'hydrogène, on trouve sensiblement la demi-densité de vapeur du soufre

Fig. 85. — Analyse de l'acide sulfhydrique.

$$1,19 - 0,07 = 1,12.$$

Il en résulte que 2 volumes de ce gaz sont formés de 2 volumes d'hydrogène et 1 volume de vapeur de soufre, avec contraction d'un tiers, conformément à la loi de Gay-Lussac.

116. Bisulfure d'hydrogène. — L'analogie du soufre et de l'oxygène, que nous ferons ressortir plus loin (§ 214), est complétée par l'existence du bisulfure (HS^2) très analogue au bioxyde d'hydrogène (HO^2) ou eau oxygénée. C'est, comme ce dernier, un liquide neutre, qui se décompose spontanément à la température ordinaire en soufre et acide sulfhydrique.

On le prépare en traitant le bisulfure de calcium par l'acide chlorhydrique en excès ;

$$CaS^2 + HCl = CaCl + HS^2.$$

CHAPITRE V

CHLORE ET SES COMPOSÉS. — IODE

CHLORE

Cl. — Equiv[t] : 35,5; vol. : 2.

117. Historique. — Le chlore fut découvert par Scheele (1774) qui l'obtint en traitant le bioxyde de manganèse par l'acide muriatique (aujourd'hui chlorhydrique HCl). C'est ainsi qu'on le prépare encore aujourd'hui (1).

118. Propriétés physiques. — Ce gaz tire son nom de sa couleur jaune verdâtre (χλωρός); son odeur est forte et caractéristique; il est dangereux à respirer et cause, même à petite dose, une toux suffocante qui peut être suivie de crachements de sang. Sa densité est forte (2,44). Sa solubilité dans l'eau présente un maximum vers 8°; à cette température, l'eau en dissout trois fois son volume. Cette particularité s'explique par la formation d'un hydrate (Cl + 10HO) qui se décompose, à la pression atmosphérique, dès que la température dépasse 8°.

On peut recueillir les cristaux de cet hydrate en refroidissant vers 0° la dissolution de chlore concentrée à 8°. On s'en sert pour montrer dans les cours le chlore liquide. A cet effet on l'enferme dans l'une des branches d'un tube de Faraday que l'on porte à 30° environ au bain-marie, pendant que l'autre branche est refroidie par la glace (*fig.* 82). On voit bientôt se réunir dans celle-ci un liquide jaune foncé, plus lourd que l'eau. Le chlore se liquéfie à —40° sous

(1) Scheele avait déjà découvert l'oxygène dans le bioxyde de manganèse naturel. Il y trouva aussi le manganèse et le baryum. On pensa que ce minerai, très riche en oxygène, en avait fourni à l'acide muriatique; aussi le nouveau corps fut-il connu longtemps sous le nom d'acide oxymuriatique. H. Davy, le premier, le considéra comme corps simple (1810).

la pression atmosphérique, ou à 15° sous la pression de 4 atmosphères.

119. Propriétés chimiques. — Le chlore agit vivement sur tous les corps simples, à l'exception du carbone, de l'oxygène et de l'azote. Il forme cependant avec ceux-ci de nombreux composés; mais tous sont plus ou moins explosifs.

Le phosphore s'enflamme spontanément dans le chlore; si l'on introduit dans un flacon rempli de ce gaz un morceau de phosphore bien sec, on le voit fondre rapidement, puis brûler avec une flamme pâle. Il se forme du perchlorure de phosphore (1).

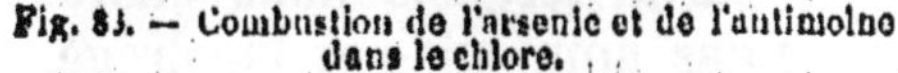

Fig. 86. — Combustion de l'arsenic et de l'antimoine dans le chlore.

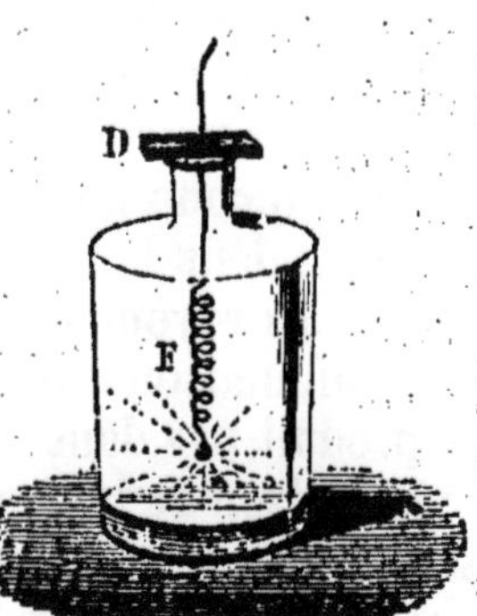

Fig. 87. — Combustion du cuivre dans le chlore.

L'arsenic et l'antimoine pulvérulents projetés dans le chlore y produisent une pluie de feu (*fig.* 86) et se transforment en chlorures ($AsCl^5$, $SbCl^5$).

Le chlore sec agit sur le soufre en fleurs à la température

1. On connaît deux chlorures de phosphore. L'un ($PhCl^3$) est un liquide incolore fumant à l'air, l'autre ($PhCl^5$) un solide jaune. Tous deux sont obtenus par la combinaison directe de leurs éléments; on obtient l'un ou l'autre suivant que le phosphore ou le chlore est en excès. Tous deux réagissent sur l'eau, et forment de l'acide chlorhydrique avec de l'acide phosphoreux ou phosphorique :

$$PhCl^3 + 6HO = PhO^3 3HO + 3HCl,$$
$$PhCl^5 + 8HO = PhO^5 3HO + 5HCl.$$

ordinaire, et sur le soufre ordinaire à la température de fusion (1).

Un fil de cuivre porté au rouge sombre brûle vivement dans le chlore (*fig.* 87); le potassium s'y enflamme sans être chauffé. Le mercure et l'argent sont attaqués par le chlore à la température ordinaire; l'or et le platine sont dissous par l'eau de chlore. Pour le montrer on agite dans celle-ci une feuille d'or battu qui disparaît rapidement.

Le mélange à volumes égaux de chlore et d'hydrogène détone violemment à la température de 200°; il se forme de l'acide chlorhydrique. L'explosion est bien plus violente lorsqu'on expose subitement le mélange à la lumière directe du soleil, d'une lampe électrique ou du magnésium. Il faut l'attribuer à ce que l'inflammation s'est produite à la fois en tous les points du mélange, tandis qu'elle était progressive dans l'expérience précédente : la combustion s'est effectuée dans un temps beaucoup plus court, et par suite l'expansion du gaz a été beaucoup plus subite. Pour opérer sans danger, on met le flacon dans l'obscurité et l'on dirige sur lui au moyen d'un miroir les rayons du soleil; le flacon vole aussitôt en éclats. La combinaison a lieu lentement à la lumière diffuse; elle ne se produit pas dans l'obscurité.

En raison de la quantité de chaleur énorme qu'il dégage en se combinant à l'hydrogène, le chlore enlève ce dernier à un grand nombre de composés parmi lesquels nous citerons l'eau, l'acide sulfhydrique, le gaz ammoniac et l'hydrogène phosphoré. La vapeur d'eau et le chlore, passant ensemble dans un tube porté au rouge (*fig.* 88), donnent de l'acide chlorhydrique et de l'oxygène.

$$HO + Cl = HCl + O.$$

Une réaction semblable a lieu lentement à froid sous

1. Il se forme du sous-chlorure (S^2Cl) ou du protochlorure (SCl) suivant qu'il y a excès de soufre ou de chlore. Tous deux sont liquides et décomposables par l'eau.

l'action de la lumière. Aussi doit-on conserver la dissolution du chlore dans des flacons opaques.

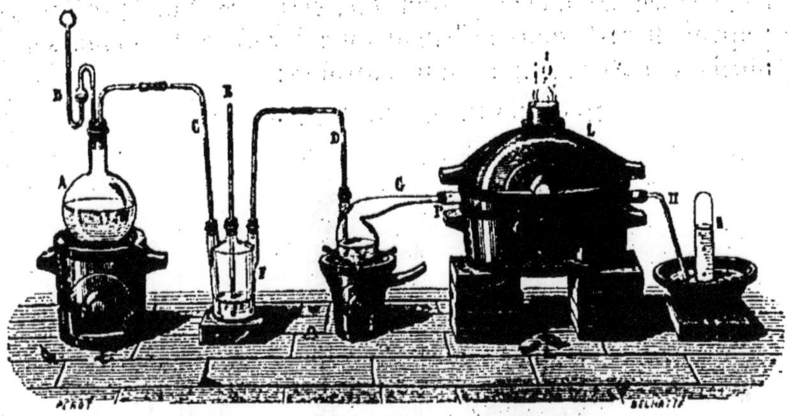

Fig. 88. — Action du chlore sur la vapeur d'eau.

L'acide sulfhydrique est décomposé par le chlore, à la température ordinaire, avec dépôt de soufre :

$$HS + Cl = HCl + S.$$

Un jet de gaz ammoniac s'enflamme spontanément dans le chlore. Il en est de même du phosphure d'hydrogène (*fig.* 89).

Le chlore en présence de l'eau peut jouer le rôle de corps oxydant; il transforme, par exemple, l'acide sulfureux en acide sulfurique :

$$SO^2 + 2HO + Cl = SO^3,HO + HCl.$$

On voit qu'en pareil cas les corps en présence se sont partagé les éléments de l'eau. C'est à ce type qu'il faut rapporter l'action du chlore sur toutes les matières colorantes. Il en est peu qui résistent à cet agent : le tournesol, l'indigo, l'encre ordinaire sont instantanément décolorés (1).

1. L'encre est formée d'acide tannique et d'oxyde de fer; le premier est détruit par le chlore, et le second se transforme en sesquioxyde. Une tache d'encre sur du linge laisse, quand on la traite par le chlore, une trace jaune de rouille que l'on peut enlever au moyen de l'acide chlorhydrique ou du chlorure de zinc.

120. Préparation. — On traite le bioxyde de manganèse concassé par l'acide chlorhydrique du commerce. Le dégagement commence à froid; on l'active en chauffant légèrement. Il reste dans le ballon du chlorure de manganèse, ainsi que l'exprime la formule suivante :

$$MnO^2 + 2HCl = Cl + MnCl + 2HO.$$

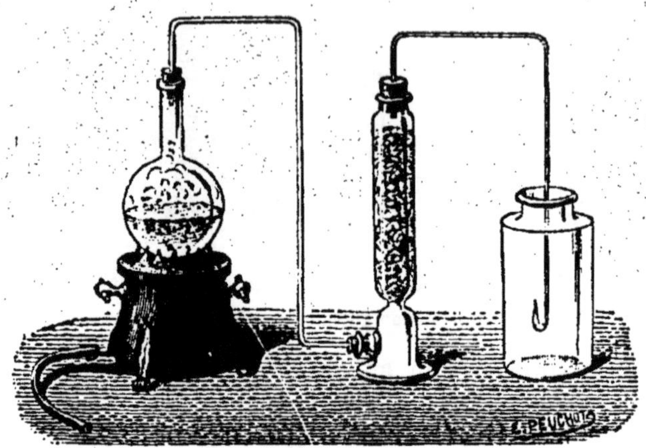

Fig. 89. — Combustion du gaz ammoniac ou de l'hydrogène phosphoré dans le chlore.

Le gaz peut être recueilli sur l'eau, ou mieux sur l'eau salée qui en dissout très peu. Pour l'obtenir sec, on le fait passer dans un flacon laveur contenant de l'eau, puis dans un tube contenant du chlorure de calcium, et on l'amène au fond d'un flacon plein d'air (*fig.* 90). Celui-ci est déplacé peu à peu par le chlore qui, étant beaucoup plus lourd, reste à la partie inférieure. On reconnaît que le flacon est rempli lorsqu'il a partout la couleur verdâtre caractéristique (1).

1. Dans l'industrie, le *manganèse naturel* (MnO^2) est traité par l'acide chlorhydrique en excès dans des bassins en pierres de Volvic dont les pièces, séparées par du caoutchouc, sont serrées les unes contre les autres au moyen de barres de fer boulonnées.

Le chlorure de manganèse acide provenant de cette opération est aujourd'hui utilisé (procédé Weldon). On neutralise d'abord l'excès d'acide par la craie concassée : il se forme du chlorure de calcium, et l'acide carbonique se dégage; on agite jusqu'à ce que l'effervescence ait cessé. On ajoute ensuite au liquide décanté un lait de chaux, et l'on fait passer dans le mélange un courant d'air au moyen d'une machine soufflante. Au bout de

121. Applications. — Le chlore sert principalement, dans l'industrie, à préparer l'hypochlorite de chaux, le chlorate de potasse, et aussi le chlorure d'aluminium d'où l'on tire ce dernier métal.

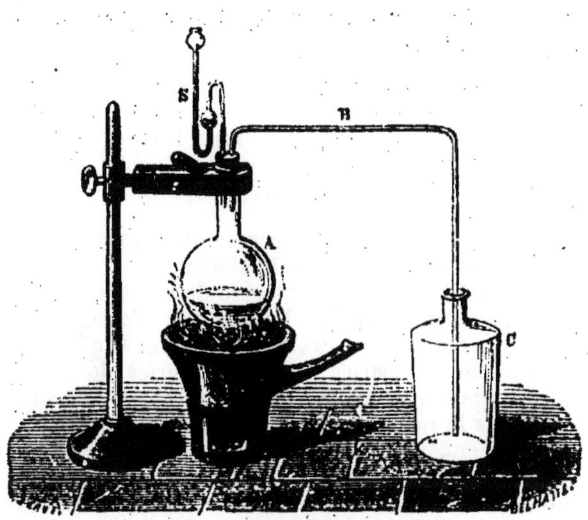

Fig. 90. — Préparation du chlore.

Le chlore était employé autrefois en dissolution pour décolorer les substances d'origine végétale, et aussi comme désinfectant. Nous avons vu comment il agit dans le premier cas. Dans le deuxième, il détruit les ferments organisés qui causent la putréfaction, et il décompose les produits de celle-ci, savoir : l'acide sulfhydrique et l'ammoniaque.

Pour ces usages, on a remplacé la dissolution de chlore par les hypochlorites de chaux, de potasse ou de soude, qui dé-

quatre heures, le chlorure de manganèse est entièrement transformé en manganite de chaux :

$$2MnCl + 3CaO + O = CaO,Mn^2O^3 + 2CaCl.$$

Après repos, on recueille celui-ci sous forme d'une boue noirâtre qui, traitée par l'acide chlorhydrique, fournit de nouveau du chlore.

On régénère ainsi 95 pour 100 du manganèse, ce qui diminue de plus de moitié le prix de revient du chlore.

gagent du chlore sous l'influence des acides les plus faibles, même l'acide carbonique.

COMPOSÉS OXYGÉNÉS DU CHLORE

122. Le chlore forme avec l'oxygène cinq composés acides, qui ont pour formules :

L'acide	hypochloreux	ClO
—	chloreux	ClO^3
—	hypochlorique	ClO^4
—	chlorique	ClO^5
—	perchlorique	ClO^7

Tous ces corps sont explosifs. Le dernier est le plus stable ; les premiers détonent sous l'influence de la chaleur.

L'hypochlorite de chaux et le chlorate de potasse ont acquis une grande importance industrielle. Le premier s'obtient en faisant arriver du chlore sur de la chaux éteinte, placée sur des claies dans des chambres dont les parois sont recouvertes de plomb. Il se forme un mélange d'hypochlorite de chaux et de chlorure de calcium connu sous le nom de *chlorure de chaux* :

$$2CaO + 2Cl = CaO,ClO + CaCl.$$

La dissolution de cette substance est souvent confondue avec l'*eau de Javel* (KO, ClO + KCl), qui sert aux mêmes usages, mais qui est d'un prix plus élevé.

Celle-ci se produit lorsqu'on fait passer un courant de chlore dans une solution étendue de potasse.

Si la potasse était concentrée ou chaude, il se produirait du chlorate de potasse avec du chlorure de potassium :

$$6KOHO + 6Cl = KO,ClO^3 + 5KCl + 6HO.$$

On obtient à meilleur compte dans l'industrie le chlorate de potasse en saturant un lait de chaux par le chlore vers 100°, et traitant le chlorate de chaux ainsi obtenu par le chlorure de potassium. Le sel se dépose par refroidissement ; on le purifie par une nouvelle cristallisation. Nous avons vu que ce sel se décompose par la chaleur en perchlorate et chlorure avec dégagement d'oxygène (§ 26) ; traité par l'acide sulfurique, il laisse dégager un gaz jaune, l'acide hypochlorique.

ACIDE CHLORHYDRIQUE

HCl. — Equiv[t] : 36,5; vol. : 4.

123. Propriétés physiques. — L'acide chlorhydrique est très anciennement connu ; il porta les noms d'*esprit de sel* et d'*acide muriatique*, jusqu'à ce que sa composition fût établie par Gay-Lussac et Thénard. C'est un gaz incolore, d'une odeur suffocante et d'une saveur très acide. Sa densité est 1,247. L'eau en dissout 500 fois son volume à 4°. Grâce à cette grande solubilité, on peut répéter avec ce gaz les expériences faites avec le gaz ammoniac (V. § 71). Ainsi en ouvrant sur la cuve à eau un flacon rempli de ce gaz, on voit le liquide se précipiter pour le remplir (*fig.* 91).

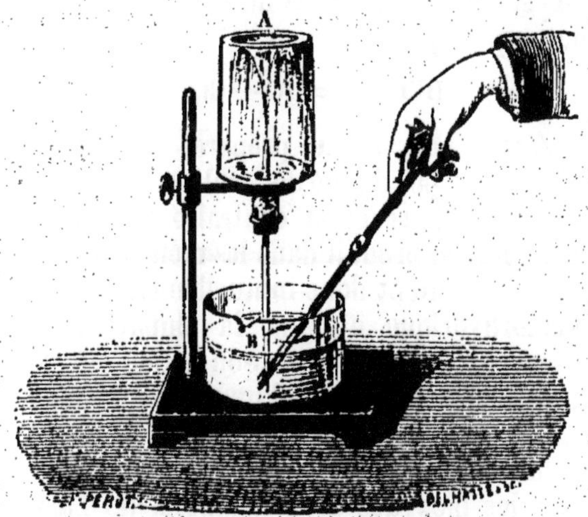

Fig. 91. — Solubilité de l'acide chlorhydrique.

L'eau colorée en bleu par le tournesol rougit énergiquement dès qu'elle y pénètre. Cette dissolution est accompagnée de combinaison de l'acide avec l'eau, dans des proportions variables avec les circonstances (1).

1. On met en évidence l'un de ces hydrates en faisant passer un courant d'air prolongé dans l'acide du commerce (solution concentrée); les

En arrivant au contact de l'air humide, ce gaz se combine à la vapeur d'eau, et l'hydrate formé, dont la tension de vapeurs est très faible, passe à l'état de brouillard.

Le gaz chlorhydrique se liquéfie à — 80° sous la pression atmosphérique (Faraday) et à 0° sous la pression de 26 atmosphères.

Il est légèrement décomposable par la chaleur et l'électricité. M. Deville a pu décomposer par une longue série d'étincelles les deux centièmes du gaz soumis à l'expérience. Il a obtenu une décomposition bien sensible à la température de 1500° par l'artifice du tube chaud et froid. (V. § 99, note, et *fig.* 13.)

124. Propriétés chimiques. — Les métalloïdes n'ont pas en général d'action sur l'acide chlorhydrique. Cependant l'oxygène, passant avec lui dans un tube chauffé au rouge, le décompose partiellement :

$$HCl + O = HO + Cl.$$

On a utilisé cette action pour préparer industriellement le chlore ; mais elle n'a pas donné de résultats bien satisfaisants. On remarquera que la réaction contraire (décomposition de l'eau par le chlore) se produit dans les mêmes circonstances ; l'une et l'autre se limitent donc mutuellement.

L'acide chlorhydrique attaque la plupart des métaux et forme avec eux des chlorures. Son action sur le zinc est employée pour la préparation de l'hydrogène (§ 33).

Il transforme en général les oxydes en chlorures de formules semblables : KO en KCl, Fe^2O^3 en Fe^2Cl^3. Il y a exception pour les bioxydes de manganèse, de baryum, etc. Le premier a servi à préparer le chlore ; on peut obtenir avec le second l'eau oxygénée.

Si l'on approche deux verres, contenant l'un de l'ammo-

proportions d'acide et d'eau demeurent constantes lorsque la dissolution contient le quart de son poids d'acide anhydre, ce qui correspond à la formule $HCl + 12HO$. L'ammoniaque perdrait dans ces circonstances tout son gaz.

niaque, l'autre, de l'acide chlorhydrique concentré, on voit se produire d'épaisses fumées blanches (*fig.* 92) de chlorhydrate d'ammoniaque, solide non volatil à la température ordinaire.

Fig. 92. — Combinaison de l'acide chlorhydrique avec le gaz ammoniac.

125. Préparation.— Pour préparer l'acide chlorhydrique dans les laboratoires, on traite le sel marin fondu (1) par l'acide sulfurique concentré. Le dégagement se produit abondamment à froid; lorsqu'il diminue, on chauffe légèrement le ballon où l'on opère. On peut recueillir le gaz sec sur la cuve à mercure, après l'avoir fait passer dans un fla-

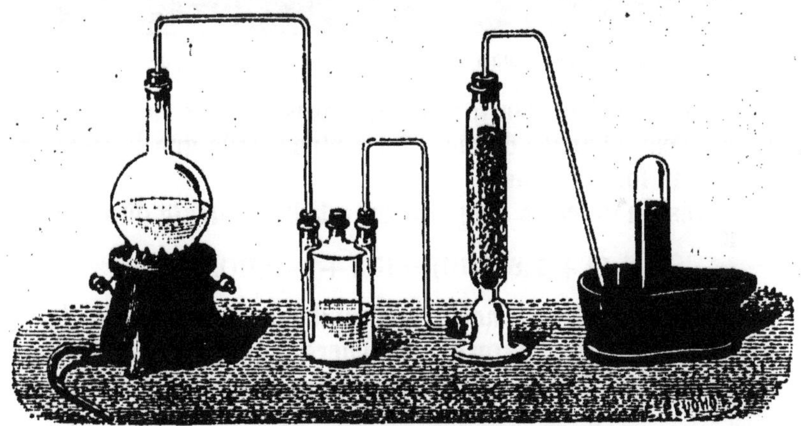

Fig. 93. — Préparation de l'acide chlorhydrique sec.

con laveur contenant une dissolution saturée de cet acide, puis dans une colonne à chlorure de calcium (*fig.* 93) ; il aban-

1. On ne doit pas employer le sel marin cristallisé, car le boursouflement produit est tel qu'il fait passer la substance par le tube abducteur. La fusion a pour but d'enlever au sel son eau de cristallisation.

donne dans le premier l'acide sulfurique et les substances solides qu'il a entraînées; il se dessèche dans le deuxième.

Pour obtenir la dissolution, on amène le gaz à la sortie du flacon laveur dans des flacons de Woulf (*fig.* 94) contenant

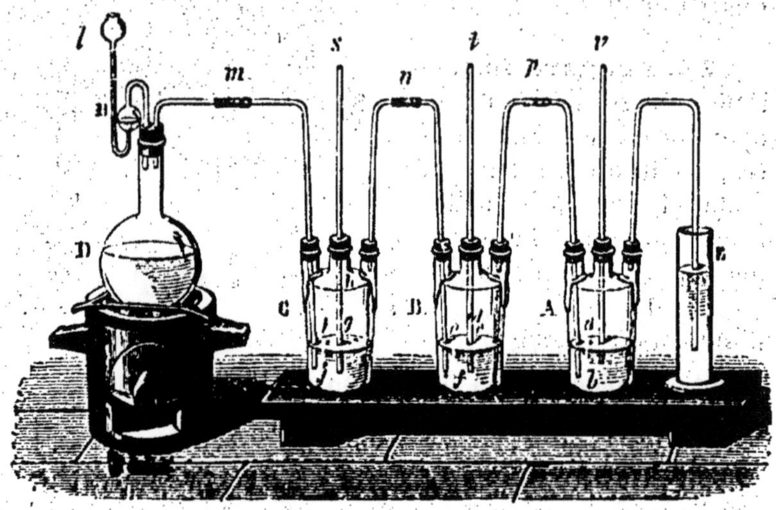

Fig. 94. — Préparation de la dissolution de l'acide chlorhydrique.

de l'eau distillée. On fait plonger très peu les tubes abducteurs; l'eau chargée d'acide, étant plus lourde que l'eau pure, tombe au fond du vase.

Le résidu de cette préparation est du *bisulfate* de soude.

$$NaCl + 2(SO^3HO) = HCl + NaO,HO,2SO^3.$$

Dans l'industrie, l'acide chlorhydrique est produit de la même manière; mais on chauffe énergiquement afin d'obtenir le *sulfate neutre* de soude, produit principal de l'opération.

$$NaCl + SO^3HO = NaO, SO^3 + HCl.$$

La réaction se fait ordinairement dans des cylindres en fonte dont la coupe est représentée par la figure 95. La condensation se fait dans une série de trois à quatre cents touries en grès à demi remplies d'eau au début. On fait passer en sens inverse du courant gazeux un courant d'eau ordinaire, et de la deuxième tourie s'écoule peu à peu la dissolution concentrée ; la première, entourée d'eau froide, sert de flacon laveur et de réfrigérant.

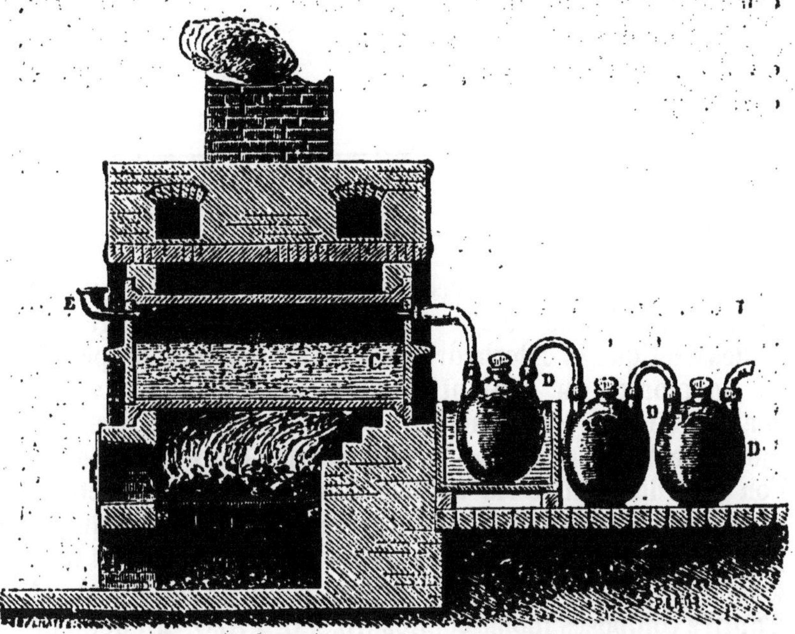

Fig. 95. — Préparation industrielle de l'acide chlorhydrique.

120. Composition. — La composition de l'acide chlorhydrique résulte de ce fait que l'hydrogène et le chlore s'unissent directement pour le former, à volumes égaux, sans contraction. Pour la mettre en évidence on introduit dans la cloche courbe un volume connu de gaz acide chlorhydrique. Un fragment de potassium légèrement chauffé décompose le gaz et absorbe le chlore ; après refroidissement, il reste de l'hydrogène dont le volume est la moitié de celui du gaz employé ; or en retranchant de la densité du gaz chlorhydrique la moitié de celle de l'hydrogène, on trouve la demi-densité du chlore

$$1,247 - 0,035 = 1,212,$$

ce qui confirme notre énoncé.

127. Applications. — L'application la plus importante de l'acide chlorhydrique consiste dans la préparation du chlore. Il sert aussi à préparer certains chlorures, le chlorhydrate d'ammoniaque (sel ammoniac), la gélatine, etc.

C'est un des corps les plus employés dans les laboratoires, où il sert notamment à préparer les acides sulfhydrique et carbonique.

EAU RÉGALE

128. Nous n'avons rencontré que l'*eau de chlore* qui fût capable de dissoudre l'or et le platine. Le mélange des acides azotique et chlorhydrique jouit de la même propriété. On le montre en mettant séparément dans deux verres chacun de ces deux acides avec une feuille d'or; le métal n'est pas attaqué. On mélange les deux liquides, et l'on voit disparaître les feuilles d'or. — Cette propriété, à laquelle ce liquide doit le nom d'*eau régale*, peut s'expliquer par la formation d'un composé (AzO^2Cl^3) qui se détruit facilement en donnant du chlore qui se combine au métal, et d'autres composés moins chlorés (AzO^2Cl^2, AzO^2Cl), que l'on voit se dégager pendant l'opération.

IODE

I. — Equiv[t] : 127; vol. : 2.

A côté du chlore se placent le brome et l'iode, qui forment avec lui une famille des plus naturelles. On y joint le fluor dont les composés ont la plus grande analogie avec ceux des précédents.

L'*iode* a été découvert en 1811, par Courtois, dans les eaux mères des soudes de varechs.

129. Propriétés physiques. — Ce corps se présente

ordinairement en paillettes d'un gris foncé, ayant un éclat presque métallique, et une densité considérable (4,95); il fond à 107° et bout à 180°, en produisant de belles vapeurs violettes dont la densité (8,716) n'est comparable qu'à celle des vapeurs métalliques. Quand on chauffe quelques parcelles d'iode dans un grand ballon, ce métalloïde se volatilise entièrement avant d'avoir atteint le point de fusion; mais, en masse suffisante, on peut le faire cristalliser par fusion.

A la température ordinaire, il émet des vapeurs qui ont sur nos organes la même action que le chlore.

Il est à peine soluble dans l'eau qu'il colore en jaune clair; sa solution alcoolique, brune, est connue sous le nom de *teinture d'iode;* il est très soluble dans le sulfure de carbone qui prend une couleur violette (1). Le sulfure de carbone, l'éther, le chloroforme, enlèvent facilement l'iode et le brôme à l'eau.

L'iode colore la peau en jaune; la couleur disparaît bientôt par suite de sa volatilisation.

130. Propriétés chimiques. — On connaît bien deux composés oxygénés de l'iode :

L'acide iodique	dont la formule est	IO^5
— per-iodique	—	IO^7

L'acide iodique se produit par l'action de l'acide azotique sur l'iode. Quoique formé avec dégagement de chaleur, ce corps est facilement décomposable par élévation de température, et sous l'influence des agents réducteurs tels que l'acide sulfureux.

L'iode et l'hydrogène ne se combinent que partiellement quand on les chauffe ensemble en vase clos vers 200°, plus facilement en présence de l'éponge de platine.

1. Sous une épaisseur suffisante, cette dissolution arrête complètement les rayons lumineux, mais laisse passer les rayons de chaleur obscure. On peut, derrière une lentille remplie de cette solution, enflammer de la poudre, quoiqu'il n'y ait au foyer aucune lumière.

L'iode dégage moins de chaleur que le chlore en se combinant à l'hydrogène et aux métaux. Aussi est-il déplacé de ces combinaisons par le chlore. A la température de 200° l'acide iodhydrique se décompose partiellement en ses éléments.

Le phosphore, l'arsenic, etc., brûlent dans la vapeur d'iode comme dans le chlore.

On peut reconnaître des traces d'iode libre dans une dissolution au moyen de l'empois d'amidon, qui détermine dans la liqueur une coloration bleue intense. Celle-ci disparaît sous l'influence d'un excès d'amidon, ou quand on chauffe vers 100°. Dans ce cas, le liquide se colore de nouveau par le refroidissement. On a donné le nom d'iodure d'amidon au composé qui se forme (1).

131. Préparation. — L'iode existe en quantités très faibles dans l'eau de mer; mais les plantes et les animaux marins l'accumulent dans leur organisme. C'est ainsi que l'huile de foie de morue est un médicament iodé assez énergique. Les cendres de varechs sont exploitées pour l'extraction du brome et de l'iode, après qu'on en a retiré les soudes du commerce.

On neutralise d'abord par l'acide sulfurique les alcalis libres qui restent dans les eaux-mères, et l'on calcine au

1. Cette réaction permet de reconnaître facilement l'iode en combinaison soit à l'état d'iodure, soit à l'état d'iodate. Dans le premier cas on traite la solution additionnée d'empois par l'eau de chlore; celui-ci déplace l'iode qui réagit sur l'amidon. Mais si l'on ajoute un excès de réactif, la coloration disparait : le chlore décompose l'eau pour former l'acide chlorhydrique et l'oxygène se porte sur l'iode qu'il convertit en acide iodique.

Pour déceler l'iode dans les iodates, on traite la solution additionnée d'empois par l'acide sulfureux. Ce corps réduit l'acide iodique et forme un sulfate, pendant que l'iode mis en liberté se porte sur l'amidon. Un excès de réactif fait aussi disparaître la coloration. L'acide sulfureux prend l'oxygène de l'eau et se transforme en acide sulfurique, pendant que l'hydrogène transforme l'iode en acide iodhydrique. On peut avec la même solution iodée faire apparaître et disparaître plusieurs fois la coloration caractéristique, en traitant successivement par l'acide sulfureux et le chlore. Ces expériences montrent que l'iode s'unit indifféremment avec l'un ou l'autre des éléments de l'eau, suivant qu'on fait agir sur celle-ci un corps avide d'oxygène ou d'hydrogène.

rouge brun avec 10 pour 100 de bioxyde de manganèse pour transformer en sulfates les sulfures et hyposulfites

On reprend par l'eau, et l'on fait passer dans la dissolution un courant réglé de chlore. L'iode précipité se dépose(1); on le lave et on le distille. Cette dernière opération se fait au bain de sable : la figure 96 représente l'appareil employé dans l'industrie.

Fig. 96. — Distillation de l'iode.

On peut obtenir aussi l'iode (et aussi bien le brome) en traitant l'iodure de potassium par un mélange de bioxyde manganèse et d'acide sulfurique:

$$KI + MnO^2 + 2SO^3,HO = I + KO,SO^3 + MnO,SO^3 + 2HO.$$

1. Pour extraire ensuite le brome contenu dans les eaux-mères à l'état de bromure, on distille celles-ci avec des quantités d'acide sulfurique et de bioxyde de manganèse déterminées par un titrage préalable. C'est de là que se tire aujourd'hui tout le brome du commerce.

Les azotates de soude du Chili contiennent des iodates et des iodures. On en extrait l'iode en traitant leur dissolution par des quantités d'acide sulfureux et de chlore déterminées par des dosages préalables. On comprend par les réactions précédentes combien il importe de ne pas employer un excès de ces substances.

132. Brome. — Le brome a été découvert en 1826, par Balard, dans les eaux-mères des marais salants. Son nom rappelle son odeur repoussante, analogue à celle du chlore. C'est à la température ordinaire un liquide brun foncé, rouge hyacinthe sous une faible épaisseur, 3 fois plus lourd que l'eau. Il cristallise à — 7°,3, et ressemble alors à l'iode.

Il émet à la température ordinaire d'épaisses vapeurs rougeâtres, très dangereuses à respirer, et tellement lourdes qu'on peut les transvaser à la manière des liquides ($D = 5,93$).

Le brome ne se combine pas directement avec l'oxygène; on connaît les acides bromique, perbromique et hypobromeux, plus stables que les acides correspondants du chlore. Il se combine à l'hydrogène, à une température élevée, pour former l'acide bromhydrique. Toutefois il dégage moins de chaleur que le chlore en se combinant avec l'hydrogène et les métaux; il en résulte que le brome est déplacé par le chlore de ces combinaisons.

133. Chlorure, bromure et iodure d'azote. — Ces trois corps sont des composés très explosifs, que l'on obtient par l'action du chlore, du brome et de l'iode sur l'ammoniaque concentré. Le chlorure ne peut être facilement étudié sans danger; mais on peut préparer l'iodure d'azote en laissant séjourner pendant vingt minutes une petite quantité d'iode dans un verre contenant de l'ammoniaque du commerce. On sèche sur un filtre la substance pulvérulente ainsi obtenue. Lorsqu'elle est sèche, cette poudre fait explosion au moindre choc.

Fig. 97. — Gravure sur verre au moyen de l'acide fluorhydrique.

134. Fluor. — Le fluor a été plutôt entrevu qu'isolé; mais on connaît bien un certain nombre de ses composés, et tous sont analogues à ceux du chlore. Le fluorure de calcium cristallisé, connu vulgairement sous le nom de *fluorine* ou de *spath-fluor*, est une belle substance transparente, violette, verte ou incolore,

En traitant cette substance par l'acide sulfurique concentré, à une température peu élevée, dans un vase de plomb ou de platine, on obtient un gaz fumant comme l'acide chlorhydrique et ses congénères.

très dangereux à respirer, produisant des ampoules sur la peau, et qui attaque la plupart des métaux et le verre. Il se liquéfie facilement dans un récipient refroidi. On le conserve à l'état liquide dans des vases d'argent ou de gutta-percha. Il sert à graver sur verre. Celui-ci est recouvert d'une mince couche de cire sur laquelle on trace au moyen d'une aiguille le dessin que l'on veut obtenir ; puis on l'expose à la vapeur d'acide fluorhydrique (*fig.* 97), ou bien on couvre le dessin de l'acide en dissolution au moyen d'un pinceau. Au bout de quelques instants, on lave et l'on enlève la cire au moyen d'un peu de térébenthine.

CHAPITRE VI

CARBONE ET SES COMPOSÉS. — SILICE

CARBONE

C. — Équivt : 6.

135. Propriétés physiques. — Le carbone est un corps solide, fixe aux plus hautes températures de nos fourneaux. Despretz a pu le ramollir en le soumettant à l'action d'une pile de 600 éléments ; il se volatilise sensiblement dans l'arc électrique. Il n'est soluble que dans la fonte en fusion.

Les variétés du carbone présentent les aspects les plus divers ; on ne peut connaître ses propriétés physiques qu'en étudiant séparément chacune d'elles. Nous distinguerons les charbons naturels : diamant, graphite, anthracite, houille, lignite, tourbe, — et les charbons artificiels : coke, charbon des cornues, charbon de bois, noir de fumée, noir animal.

CHARBONS NATURELS

136. Diamant. — Carbone pur, cristallisé dans le système régulier ou cubique. Ses cristaux d'une grande limpidité, parfois légèrement colorés en jaune, rose, bleu, vert, quelquefois même noirs, présentent 12, 24 ou 48 faces sensiblement convexes. — Il doit à la courbure de ses arêtes (*fig.* 98), aussi bien qu'à sa dureté sans égale (ἀδάμας, invincible), la propriété de couper le verre.

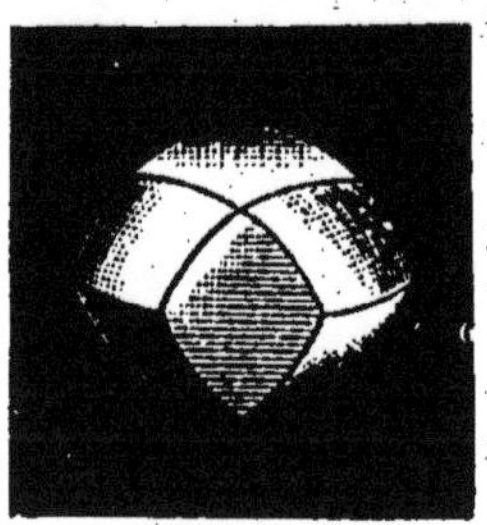

Fig. 98.
Diamant brut dodécaèdre.

Sa densité est 3,5 ; il conduit mal la chaleur et l'électricité. Soumis à l'action d'une forte pile dans un gaz inerte, il se gonfle et se transforme en une masse noire qui laisse une trace sur le papier (graphite).

Usages. — Sa réfringence très grande (indice 2,48) fait rechercher ce corps pour la bijouterie.

On taille le diamant de manière que toute la lumière incidente sorte par la face supérieure, ce qui donne au *brillant* (*fig.* 99) un éclat remarquable. Les fragments aplatis du diamant se taillent en *rose* (*fig.* 100).

Fig. 99. — Diamant taillé en brillant.

Fig. 100. — Diamant taillé en rose.

Pour opérer la taille du diamant, on commence par enlever au ciseau les éclats qui doivent disparaître, en profitant des directions de *clivage*, puis on use le cristal *dégrossi* sur une plateforme d'acier qui tourne rapidement et qui est recouverte d'*égrisé*, c'est-à-dire de poussière de diamant provenant de tailles précédentes ou de diamants noirs, de bien moindre valeur et très durs, que l'on pulvérise pour cet usage.

Le prix des diamants est très variable suivant leur limpidité. En moyenne, un diamant taillé de 1 carat ($0^{gr},212$) vaut de 200 à 250 francs; le prix d'un diamant plus gros est proportionnel au carré de son poids : ainsi un diamant de 10 carats ($2^{gr},12$) vaut de 20000 à 25000 francs. Le *Régent* de France, qui pèse 29 grammes, est estimé à 5 ou 6 millions. Le plus gros diamant connu est celui du rajah de Bornéo, qui pèse $63^{gr},6$.

Les diamants noirs sont employés pour travailler les corps très durs comme le porphyre, le granit.

Les principaux gisements de diamant sont à Bornéo, à Golconde (Inde), au Brésil et dans l'Oural.

137. Graphite. — Le graphite, vulgairement *plombagine*, se présente en masses feuilletées facilement rayées par l'ongle, et laissant sur le papier une trace noire. Sa densité est 2,2; il conduit assez bien la chaleur et l'électricité, et brûle difficilement. Les belles variétés de graphite sont du carbone à peu près pur. On en obtient des paillettes grises nettement cristallisées en dissolvant du charbon dans la fonte en fusion; on traite la masse refroidie par un acide étendu, pour mettre à nu ces paillettes.

Usages. — Le graphite est débité en petites baguettes prismatiques pour la fabrication des crayons. Les débris pulvérisés et mélangés avec un peu d'argile servent à faire la pâte des crayons Conté.

La poussière de graphite, mêlée à de l'argile réfractaire, sert à la fabrication des creusets dans lesquels on fond l'acier. On l'utilise encore pour diminuer les frottements en horlogerie, pour métalliser les surfaces en galvanoplastie, etc.

Les principales mines de graphite sont en Sibérie, près d'Irkoutsk, et à Ceylan.

138. Anthracite. — Ce charbon contient en moyenne 90 pour 100 de carbone; sa densité est 2 environ. Il brûle difficilement, mais en dégageant beaucoup de chaleur.

Les principaux gisements en France sont sur les bords de la Loire.

139. Houille. — La houille ou *charbon de terre* se présente en masses brillantes et feuilletées, contenant en moyenne 80 pour 100 de carbone; sa densité est environ 1,5. Elle est ordinairement accompagnée de *bitumes*, grâce auxquels elle brûle avec une flamme plus ou moins longue et fumeuse. Les houilles grasses de Saint-Etienne et de Mons, qui présentent au plus haut degré ce caractère, se ramollissent et se boursouflent sous l'influence de la chaleur. — Les houilles sèches dégagent en brûlant moins de chaleur.

On trouve dans les houilles, et surtout dans les schistes bitumineux qui les accompagnent, des empreintes nombreuses de plantes cryptogames vasculaires (fougères, etc.) qui ne laissent aucun doute sur l'origine végétale de ces charbons.

140. Lignite. — Plus impurs que les houilles, les lignites sont aussi plus récents; on y rencontre souvent des portions d'arbres presque inaltérés. Une variété noire, luisante et dure, le *jais*, sert à la fabrication d'ornements de deuil.

141. Tourbe. — La tourbe se forme encore actuellement aux dépens de plantes marécageuses (*sphagnum*); on l'exploite sur les bords de la Loire et de la Somme. C'est un médiocre combustible, fumant beaucoup. En la calcinant, on obtient le charbon de tourbe, qui peut remplacer les charbons artificiels.

CHARBONS ARTIFICIELS

142. Coke. — Le coke, obtenu par la calcination de la houille, est un charbon gris plus ou moins caverneux. — Nous le trouverons comme résidu de la préparation du gaz de l'éclairage; mais on le prépare spécialement pour le chauffage au voisinage des mines, afin d'utiliser le poussier de charbon de terre produit dans l'extraction de celui-ci. Le coke a l'avantage de brûler sans fumée.

143. Charbon des cornues. — Sur les parois des cornues où l'on calcine la houille se dépose lentement un charbon gris très dur, très dense, assez bon conducteur de la chaleur et de l'électricité. On l'emploie pour produire de hautes températures, dans les fourneaux qui possèdent un tirage suffisant. Taillé convenablement, il forme l'électrode positive de la pile de Bunsen, les tiges entre lesquelles on produit l'arc électrique, des creusets, des tubes, etc.

144. Charbon de bois. — Le charbon obtenu par la calcination du bois conserve la forme de celui-ci; il est noir, fragile et sonore. Grâce à sa porosité, il peut absorber les gaz en volume souvent considérable, ainsi que nous l'avons constaté sur le gaz ammoniac (§ 71). Ce volume dépend du nombre et de la finesse des pores, et d'ailleurs de la nature du gaz. Ainsi, un morceau de charbon de bois bien purgé d'air et d'humidité peut absorber :

90	fois son volume de	gaz ammoniac
85	—	acide chlorhydrique
65	—	acide sulfureux
40	—	de protoxyde d'azote
9	—	d'oxygène
7	—	d'azote

On peut remarquer que les gaz les plus solubles dans l'eau sont aussi les plus absorbables par le charbon; d'ailleurs l'absorption augmente, comme la solubilité, lorsque la température s'abaisse ou que la pression s'élève.

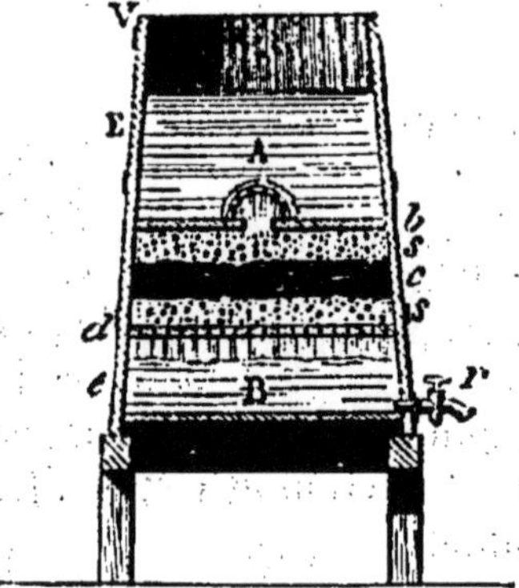

Fig. 101. — Filtre au charbon de bois.

On utilise cette propriété du charbon pour désinfecter les eaux bourbeuses ou putréfiées. Il suffit pour cela de laisser filtrer cette eau au travers d'une couche de charbon de bois comprimée entre deux lits de sable (*fig.* 101), ou encore au travers d'un bloc de charbon de cornue au centre duquel aboutit l'une des branches d'un siphon, tandis que par l'autre branche s'écoule lentement l'eau purifiée (*fig.* 102).

La conductibilité et la combustibilité des divers charbons de bois dépendent de la nature des bois dont ils proviennent, ainsi que de la température à laquelle ils ont été calcinés.

Fig. 102. — Filtre au charbon de cornue.

On sait l'emploi que l'on fait de la braise de boulanger pour mettre en communication électrique avec le sol les tiges des paratonnerres. En général, les charbons sont d'autant plus conducteurs qu'ils sont plus denses et qu'ils ont été préparés à une plus haute température; ils sont aussi d'autant moins inflammables.

Préparation. — 1° *Procédé des meules.* — Des branches de chêne, de hêtre, etc., âgées de trois à cinq ans, sont coupées d'une longueur uniforme et disposées en plusieurs lits comme l'indique la fig. 103. On a ménagé au milieu une sorte de cheminée, et latéralement un certain nombre d'évents, et toute la meule est recouverte de broussailles d'abord, puis de mousse et de terre (*fig.* 104). On commence par jeter dans la cheminée des broussailles, que l'on enflamme au moyen de quelques charbons; le feu se communique de proche en proche. Lorsque la fumée, d'abord très noire, devient transparente, on bouche la cheminée et l'on ouvre des évents à une certaine distance du sommet, puis de plus en plus bas jusqu'à ce que la carbonisation soit achevée. Il n'y a plus alors qu'à boucher les ouvertures et à laisser refroidir la meule.

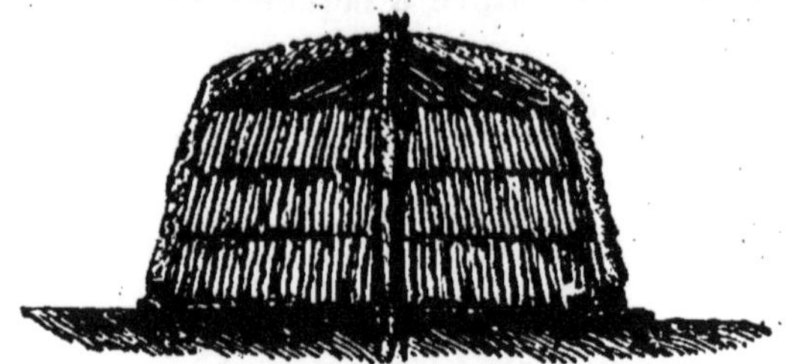

Fig. 103. — Meule pour la carbonisation du bois.

Si bien conduite que soit l'opération, il se produit toujours, en des points où la carbonisation a été insuffisante, des *fumerons* que l'on reconnaît à leur teinte jaune; en d'autres points où la température s'est trop élevée, le charbon est friable, absorbe facilement l'humidité atmosphérique, et brûle mal.

Fig. 104.

Ce procédé ne donne en charbon que 18 pour 100 environ du poids du bois employé, sur 38 que contenait celui-ci; mais il a l'avantage de réduire notablement les frais de transport : aussi est-il le plus usité.

2° *Distillation du bois.* — Par distillation du bois, dans de grands cylindres qui en contiennent plusieurs stères, on peut obtenir un rendement brut de 28 pour 100, soit 25 pour 100 si l'on tient compte du bois brûlé pour chauffer ces cylindres. Mais la dépense de matériel serait loin d'être comblée par l'excès de ce rendement sur le précédent, si l'on ne recueillait les produits volatils qui se dégagent (goudrons) et d'où l'on extrait l'esprit de bois, le vinaigre de bois, la créosote, etc.

Fig. 103. — Préparation du noir de fumée.

Ce procédé est surtout en usage pour la préparation des charbons légers, bien homogènes, destinés à la fabrication des poudres.

145. Noir de fumée. — La combustion incomplète de matières très riches en charbon, telles que les résines, l'essence de térébenthine, la benzine, les huiles, etc., fournit un charbon presque pur, très divisé et très léger, que l'on emploie dans la préparation des encres d'imprimerie et de Chine, des cirages, etc...

La figure 105 montre l'une des dispositions adoptées dans l'industrie pour préparer cette substance. On racle de temps à autre les parois de la chambre de condensation ; la *suie* recueillie est calcinée.

146. Noir animal. — La calcination des os en vase clos détruit la matière organique, et laisse, intimement mélangée à la substance minérale (§ 80), environ 12 pour 100 de charbon. L'os a conservé sa forme, mais il est devenu noir et poreux ; concassé, il constitue le *noir en grains*, utilisé dans la préparation du sucre pour décolorer les sirops. Quand, au bout de plusieurs opérations, le noir a perdu sa propriété, on peut le revivifier par la calcination.

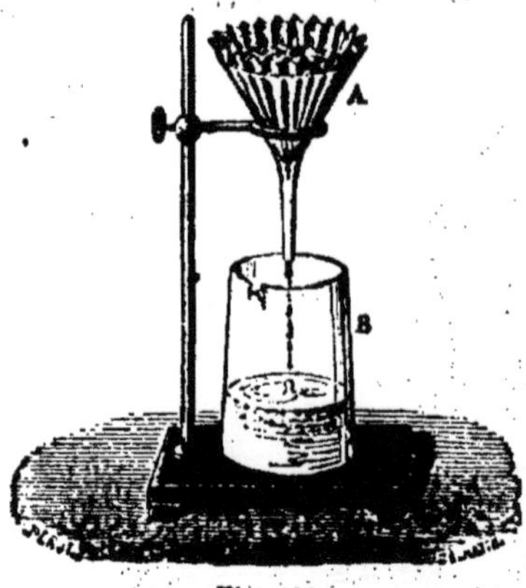

Fig. 106.
Décoloration du vin par le noir animal.

Pour mettre en évidence son pouvoir décolorant, on agite quelques instants du vin ou de la teinture de tournesol avec du noir pulvérisé ; on jette le tout sur un filtre, et le liquide passe incolore (*fig.* 106).

La matière colorante n'a pas été détruite ; on peut la reprendre par des dissolvants appropriés.

147. Charbon de sucre. — Le sucre, sous l'influence de la chaleur, commence par fondre, puis se transforme en *caramel*, et se décompose peu à peu en laissant un résidu noir brillant et très spongieux de *carbone pur*, que l'on emploie dans les analyses.

148. Propriétés chimiques du carbone. — Quelque variées que soient ses apparences, le carbone se reconnaît toujours à ce qu'en brûlant dans un excès d'oxygène, il se transforme en gaz acide carbonique : 6 grammes de carbone pur donnent 22 grammes de ce gaz.

C'est ainsi que Lavoisier découvrit la nature du diamant : il concentrait au moyen d'une lentille les rayons solaires sur un fragment de cette substance placé dans un ballon rempli d'oxygène (*fig.* 107). Davy montra dans une semblable expérience que l'acide carbonique est le seul produit formé ; d'où il résulte que le diamant est du carbone pur.

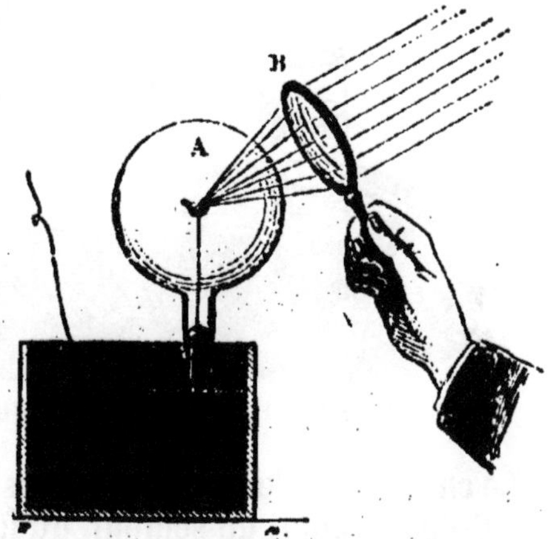

Fig. 107. — Expérience de Lavoisier. Composition de l'acide carbonique.

Le carbone s'unit directement au soufre pour former le sulfure de carbone (CS^2), et à l'azote en présence des alcalis pour former le cyanogène (C^2Az). La plupart des nombreux carbures d'hydrogène sont obtenus indirectement ; tous sont formés avec absorption de chaleur.

Le carbone décompose l'eau au rouge (§ 39), — l'acide azotique au rouge, ou à froid s'il est bien divisé (§ 66), — l'acide sulfurique vers 200° (§ 102), — l'acide phosphorique au rouge vif (§ 80).

Il décompose aussi la plupart des oxydes métalliques. On le montre en chauffant dans un tube de verre, au moyen d'une lampe à alcool, un mélange de charbon de bois pulvérisé et d'oxyde de cuivre. Celui-ci est *réduit* à une température inférieure à 300°. Les oxydes de zinc et de fer sont également réduits par le charbon, mais à une température élevée. Le charbon passe à l'état d'acide carbonique ou d'oxyde de carbone, suivant que la réduction a lieu à basse température ou au-dessus du rouge :

$$2CuO + C = 2Cu + CO^2$$
$$ZnO + C = Zn + CO$$

Fig. 108. — Réduction de l'oxyde de cuivre par le charbon.

Le charbon est le réducteur industriel ; il sert à la préparation du potassium, du sodium, du fer, du zinc, etc.

ACIDE CARBONIQUE

CO^2. — Equiv[t] : 22; vol. : 2.

140. Propriétés physiques. — L'acide carbonique fut découvert, en 1648, par Van Helmont qui l'obtint en calcinant de la craie ; il n'est bien connu que depuis Lavoisier (1776).

C'est un gaz incolore, doué d'une saveur aigrelette, d'une odeur faible et piquante. Sa densité est 1,529. L'eau en dissout son volume à 15°.

Il a été liquéfié pour la première fois par Faraday ; on obtient facilement aujourd'hui plusieurs litres d'acide liquide au moyen de l'appareil de Thilorier, perfectionné par M. Donny (*fig.* 109).

Deux cylindres en cuivre, doublés de plomb à l'intérieur, entourés de forts anneaux de fer forgé réunis eux-mêmes par des tiges de même métal, peuvent résister à la pression de

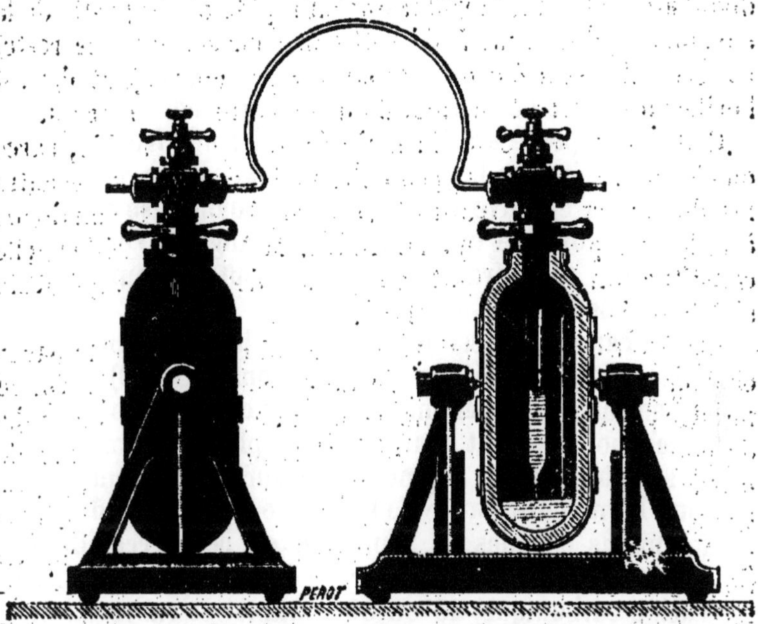

Fig. 109. — Appareil de Thilorier pour la liquéfaction de l'acide carbonique.

1200 atmosphères. L'un d'eux, le générateur, reçoit du bicarbonate de soude (substance qui contient la moitié de son poids d'acide carbonique), de l'eau tiède, et de l'acide sulfurique contenu dans un tube de cuivre. Le cylindre est solidement fermé par une garniture à vis; on l'incline à plusieurs reprises autour de son axe horizontal, de manière à renverser peu à peu l'acide sulfurique. Au bout de quelques minutes, il ne reste plus dans l'appareil que du bisulfate de soude et de l'acide carbonique à une très haute pression. On met alors en communication le générateur avec le deuxième cylindre qui sert de récipient; celui-ci étant plus froid, l'acide va s'y condenser (1). On peut, en inter-

1. Application du principe de Watt.

rompant la communication, répéter plusieurs fois l'expérience et obtenir autant d'acide liquide que l'on veut (1).

Si on laisse échapper subitement dans l'atmosphère le liquide ainsi obtenu, la volatilisation rapide d'une partie de la substance produit un froid suffisant pour solidifier le reste. On recueille la *neige d'acide carbonique* en plaçant devant l'orifice une sorte de bonnet d'un tissu à mailles serrées.

Cette neige posée sur la main paraît à peine froide, parce qu'elle ne touche pas la peau (2); mais si on la presse entre les doigts, on éprouve une sensation douloureuse analogue à celle que provoque un fer rouge. Mélangée à l'éther, elle constitue un réfrigérant énergique dont la température s'abaisse dans le vide à — 110°.

L'acide carbonique est partiellement décomposable par la chaleur en oxygène et oxyde de carbone ($CO + O$). On le montre en faisant passer un courant de ce gaz dans un tube de porcelaine fortement chauffé, et rempli de fragments de même substance pour augmenter la surface de chauffe. — Quoique la majeure partie de l'acide se reconstitue dans les parties moins chaudes de l'appareil, on peut recueillir en une heure sur la cuve à eau chargée de potasse (pour absorber l'acide carbonique) 20 ou 30 centimètres cubes du mélange tonnant. — Une série d'étincelles électriques produit le même effet.

150. Propriétés chimiques. — L'acide carbonique éteint les corps en combustion. Comme il est d'ailleurs notu-

1. Ce liquide, enfermé dans un tube très résistant, exerce sur les parois une pression de 35 atmosphères à 0°, 73at à 30°.

Vers 31°, il se volatilise entièrement et subitement, sans augmentation de volume et sans absorption de chaleur. Au-dessus de cette température, que l'on appelle *le point critique* de l'acide carbonique, ce corps ne peut exister qu'à l'état gazeux, quelle que soit la pression qu'il supporte. C'est ce qui arrive dans le générateur de l'appareil de Thilorier, où la température est voisine de 40°.

La densité de l'acide liquide diminue rapidement lorsque la température s'élève; entre 20° et 30°, il se dilate cinq fois et demi plus que l'air. Le même phénomène se présente pour tous les liquides que l'on étudie à une température notablement supérieure à leur point d'ébullition.

2. Elle en est séparée par une couche de gaz qui se renouvelle rapidement. Il y a caléfaction.

blement plus lourd que l'air, on peut éteindre une bougie qui brûle au fond d'un verre en versant sur elle une éprouvette de ce gaz comme si l'on versait un liquide (*fig.* 110). Si l'on fait arriver un courant d'acide carbonique au fond d'un cristallisoir où l'on a allumé des bougies de différentes grandeurs, on voit celles-ci s'éteindre au fur et à mesure qu'elles sont pour ainsi dire submergées par le gaz, qui déplace l'air peu à peu.

Fig. 110. — Extinction d'une bougie par l'acide carbonique.

C'est un acide faible; il fait passer la teinture de tournesol au rouge vineux. Il trouble l'eau de chaux, avec laquelle il forme du carbonate de chaux insoluble dans l'eau. Le précipité disparaît lorsqu'on ajoute un excès d'acide carbonique : il se produit du bicarbonate de chaux, qui est soluble; c'est à cet état que le calcaire peut être absorbé par les plantes. La potasse et la soude absorbent rapidement l'acide carbonique, pour former des carbonates indécomposables par la chaleur seule.

Fig. 111. — Décomposition de l'acide carbonique par le charbon.

L'acide carbonique passant sur des charbons incandescents produit un volume d'oxyde de carbone double du sien (*fig.* 111). Le gaz qui s'échappe d'un fourneau à réverbère bien rempli de charbon rouge est très riche en oxyde de carbone, et brûle, en arrivant à l'air, avec une flamme bleue(1).

L'hydrogène, le phosphore et autres métalloïdes réduisent aussi l'acide carbonique à l'état d'oxyde de carbone(2).

151. Préparation. — Pour préparer l'acide carbonique dans les laboratoires, on traite le carbonate de chaux par l'acide chlorhydrique étendu et froid. On met d'abord dans un flacon à deux tubulures du marbre concassé et de l'eau, et l'on ajoute l'acide chlorhydrique peu à peu lorsque le dégagement gazeux se ralentit (*fig.* 112). On perd le gaz qui se dégage au début, et qui contient de l'air; on reconnaît qu'il est pur lorsqu'il est complètement absorbé par la potasse. — On dispose ordinairement dans les laboratoires d'un appareil continu absolument semblable à ceux qui donnent l'hydrogène ou l'acide sulfhydrique (*fig.* 22).

$$CaO,CO^2 + HCl = CO^2 + CaCl + HO.$$

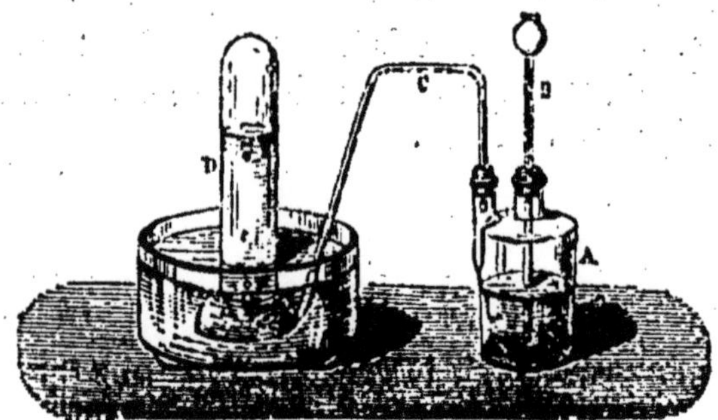

Fig. 112. — Préparation de l'acide carbonique

Le chlorure de calcium formé étant très soluble dans l'eau, les morceaux de marbre sont toujours à nu. — L'acide sulfurique, au contraire, forme du sulfate de chaux, à peu près

1. Cette transformation de l'acide carbonique en oxyde de carbone absorbe de la chaleur.

2. Rappelons que le phosphore agissant sur la craie portée au rouge donne du phosphure de calcium et du phosphate de chaux avec dépôt de charbon. On reconnaît que l'opération a bien marché lorsque les bâtons de craie sont devenus bruns.

insoluble, qui incruste le calcaire, et l'attaque cesse rapidement. On s'en sert cependant pour la fabrication de l'eau de seltz artificielle; on emploie dans ce cas la craie pulvérisée (blanc de Meudon), et un agitateur à palettes renouvelle constamment les contacts. Le gaz se rend dans un gazomètre et passe de là dans un appareil *saturateur* où il est comprimé au-dessus de l'eau, à 5 ou 6 atmosphères; l'eau en dissout autant de fois son volume.

On construit pour les familles de petits appareils (*fig.* 113) où l'on emploie le bicarbonate de soude et l'acide tartrique; ces deux corps ont l'avantage de ne réagir que lorsqu'on les humecte.

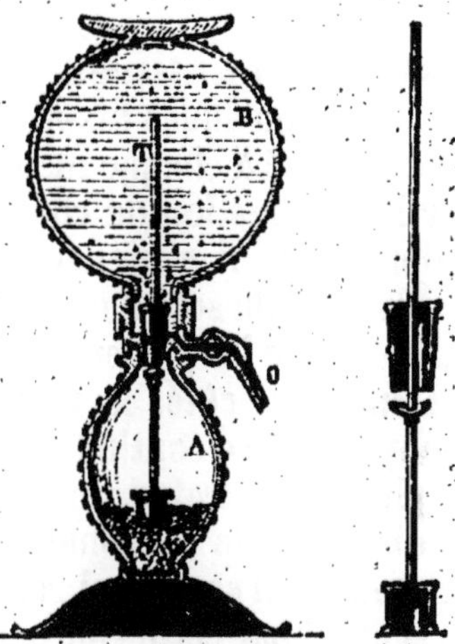

Fig. 113.
Préparation de l'eau de seltz.

Dans l'industrie sucrière, on utilise l'acide carbonique qui se dégage des fours à chaux, mélangé avec une grande quantité d'air.

152. Synthèse. — Lavoisier a établi le premier la composition de l'acide carbonique, en faisant brûler dans un ballon rempli d'oxygène, sur la cuve à mercure, un morceau de diamant (*fig.* 107) qu'il enflammait en concentrant sur lui les rayons solaires au moyen d'une forte lentille. L'expérience terminée, le ballon contient un volume d'acide carbonique sensiblement égal à celui de l'oxygène employé. Un volume du premier gaz pesant 1gr,52) contient donc un volume du deuxième, soit 1gr,1056; on obtient par différence le poids de carbone uni à cette quantité d'oxygène (0gr,4234).

Dumas et Stass ont déterminé d'une façon précise la composition en poids de l'acide carbonique, en faisant passer un courant d'oxygène sec sur du diamant porté au rouge. — L'acide carbonique produit est recueilli dans des tubes à potasse tarés d'avance. On connaît donc directement son poids et celui du carbone ; on déduit par différence celui de l'oxygène. Ces expériences ont montré que l'acide carbonique contient exactement 6 grammes de carbone (1 équivalent) pour 16 d'oxygène (2 équivalents) : d'où la formule CO^2.

153. État naturel.—L'air atmosphérique contient normalement quelques dix-millièmes d'acide carbonique. Ce gaz y est déversé à chaque instant par la respiration des animaux, par la combustion du charbon dans nos foyers, les fermentations, etc. Il s'en dégage souvent en grande abondance des fissures du sol ; il constitue avec la vapeur d'eau et l'acide sulfhydrique les *fumerolles* des terrains volcaniques.

D'un autre côté, la respiration diurne des plantes à chlorophylle enlève continuellement ce gaz à l'atmosphère. L'eau de pluie en entraîne une quantité notable, ce qui lui permet de dissoudre le carbonate et le phosphate de chaux, la silice, etc., qui sont ainsi rendus absorbables par les végétaux. C'est aussi par cette voie que ces substances sont transportées à la mer, où elles servent à la confection des coquilles calcaires ou siliceuses de nombreux animaux marins.

L'air contenant 10 pour 100 d'acide carbonique est dangereux à respirer ; à la dose de 20 ou 30 pour 100, ce gaz cause rapidement l'asphyxie, quelle que soit la proportion de l'oxygène. Dans ces conditions, en effet, l'acide carbonique contenu dans le sang ne peut plus être rejeté dans l'atmosphère par la voie des poumons.

Il forme, ainsi que l'oxygène, avec les globules sanguins une combinaison peu stable, qui se détruit lorsqu'on fait passer dans le sang un courant de gaz inerte (azote, hydrogène). Un courant d'oxygène déplace l'acide carbonique, et ramène le sang rouge brun à la couleur vermeille. Aussi peut-on ramener à la vie, en les faisant respirer largement, les personnes récemment asphyxiées. Pour assainir une cave, par exemple, envahie par l'acide carbonique, on y projette de l'eau ammoniacale qui l'absorbe, ou bien on détermine du dehors un appel d'air, au moyen d'un ventilateur ou d'un fourneau qui va prendre le gaz au niveau du sol. Tout danger immédiat a disparu lorsqu'une bougie ne s'éteint plus en pénétrant dans l'atmosphère viciée.

OXYDE DE CARBONE

CO. — Équivt : 14; vol. : 2.

154. Propriétés physiques. — L'oxyde de carbone a été découvert par Priestley (1799); sa composition fut établie par Cruikshank (1802).

C'est un gaz incolore, sans odeur ni saveur, de même densité que l'azote (0,968), très peu soluble dans l'eau (1/40); il n'a été liquéfié que dans ces dernières années par M. Cailletet (V. *fig.* 13).

L'oxyde de carbone est partiellement décomposé à une température élevée. On le constate en le faisant passer dans le tube chaud et froid (§ 99, note); une petite quantité de charbon se dépose sur le tube refroidi, et l'on recueille une quantité correspondante d'acide carbonique : l'oxygène provenant de la décomposition de l'oxyde de carbone s'est porté sur une quantité égale de ce dernier.

155. Propriétés chimiques. — L'oxyde de carbone brûle à l'air avec une flamme bleue très chaude, et produit de l'acide carbonique. Le mélange de ce gaz avec la moitié de son volume d'oxygène détone violemment à l'approche d'une bougie.

Ce gaz est un réducteur puissant; la grande quantité de chaleur produite par sa combinaison avec l'oxygène lui permet d'enlever facilement ce dernier à la plupart des oxydes pour les ramener à l'état métallique. Il est l'agent principal de la réduction de l'oxyde de fer dans les hauts-fourneaux.

Lorsqu'on expose aux rayons solaires un mélange à volumes égaux d'oxyde de carbone et de chlore, on voit le volume du mélange se réduire de moitié; il s'est formé un gaz suffocant qui se liquéfie à 8°, l'acide chloroxycarbonique (COCl) (1).

156. Préparation. — On obtient ordinairement l'oxyde de carbone dans les laboratoires au moyen de l'acide oxalique. Cette substance, ainsi nommée parce qu'on l'a extraite longtemps de l'oseille, a pour formule à l'état cristallisé

$$C^4H^2O^8 + 4HO,$$

ce que l'on pourrait écrire : $2(CO + CO^2 + 3HO)$.

La décomposition ainsi exprimée a lieu en effet quand on chauffe doucement les cristaux d'acide oxalique avec de l'acide sulfurique concentré (*fig.* 114). Celui-ci retient l'eau, et il se dégage un mélange à volumes égaux d'oxyde de carbone et d'acide carbonique.

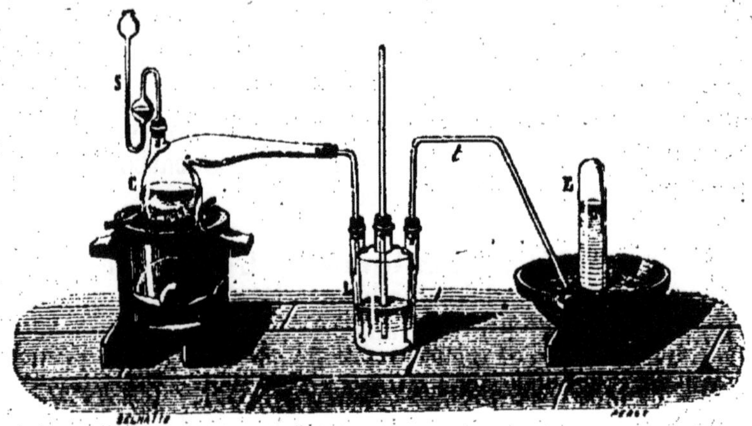

Fig. 114. — Préparation de l'oxyde de carbone.

On se débarrasse de ce dernier en faisant passer le gaz dans un flacon laveur contenant une dissolution de potasse.

1. Nous trouvons dans ce corps un exemple d'une combinaison à volumes égaux avec contraction. Le chlore s'unit aussi à son volume d'acide sulfureux avec contraction de moitié. Nous trouverons une troisième exception à la loi de Gay-Lussac dans le cyanogène.

On emploie 60 grammes d'acide sulfurique pour 10 grammes d'acide oxalique (1).

Nous avons vu l'oxyde de carbone se produire dans la réduction de l'acide carbonique, des carbonates ou des oxydes, par le charbon à une température élevée; mais ces réactions ne constituent pas des préparations commodes de ce gaz.

157. Composition. — Pour déterminer la composition de l'oxyde de carbone, on introduit dans l'eudiomètre à mercure 100 volumes de ce gaz et autant d'oxygène; puis l'on excite l'étincelle électrique. Il ne reste plus que 150 volumes, dont 100 d'acide carbonique, absorbables par la potasse, et 50 d'oxygène. — Les 100 volumes d'oxyde de carbone ont donc absorbé 50 volumes d'oxygène pour passer, sans changement de volume, à l'état d'acide carbonique. Or, celui-ci renferme son propre volume d'oxygène; par suite les 100 volumes d'oxyde de carbone contiennent 50 volumes d'oxygène.

Un volume d'oxyde de carbone qui pèse 0gr,967 contient donc 1/2 volume d'oxygène pesant 0gr,553 et 0gr,414 de carbone (2).

1. On peut remplacer dans cette expérience l'acide oxalique par l'acide formique ($C^2H^2O^4 = 2CO + 2HO$) qui donne immédiatement le gaz pur. Inversement l'oxyde de carbone se combine directement à la potasse vers 100° pour donner du formiate de potasse.

2. Densité de vapeur théorique du carbone. — Le carbone n'étant pas sensiblement volatil, il est impossible d'en obtenir expérimentalement la densité de vapeur. Cependant cette donnée a une certaine importance théorique; on la détermine en supposant que l'acide carbonique suit la loi de Gay-Lussac. D'après cette loi, l'acide carbonique, qui contient son propre volume d'oxygène, doit renfermer la moitié de son volume de vapeur de carbone (dont le poids serait 0gr,423 d'après l'expérience ci-dessus), 0,423 serait donc la demi-densité de vapeur du carbone. Mais l'acide carbonique se comprime plus que ne l'indique la loi de Mariotte, et sa densité réelle est supérieure à sa densité théorique; il en résulte que le nombre 0,423 est trop fort. Le nombre 0,414 que nous venons de trouver avec l'oxyde de carbone est plus voisin de la vérité, car ce gaz suit sensiblement la loi de Mariotte. Nous admettrons donc pour densité de vapeur du carbone le nombre 0,828. L'équivalent en poids du carbone est 6: il en résulte que son équivalent en volume est 1. Observons qu'avec cette convention l'oxyde de carbone suit aussi la loi de Gay-Lussac, puisqu'il est formé de volumes égaux d'oxygène et de vapeur de carbone (0,414) unis sans contraction.

158. Empoisonnement par le charbon. — L'oxyde de carbone est bien plus dangereux que l'acide carbonique ; mélangé à l'air à la dose d'un centième, il cause bientôt des maux de tête, des vertiges ; à la dose de deux à trois centièmes, il est mortel.

Ce gaz se fixe sur les globules du sang et forme avec l'hémoglobine un composé stable, de couleur vermeille, qui n'est pas détruit par le passage d'un courant d'oxygène ou d'un gaz inerte. Les globules saturés de ce gaz sont donc tout à fait impropres à se charger d'oxygène, pour le porter dans l'organisme.

L'asphyxie par l'oxyde de carbone est en réalité un empoisonnement irrémédiable. Aussi doit-on éviter avec le plus grand soin l'usage des braseros et des poêles dont le tirage est insuffisant, qui répandent dans l'atmosphère des quantités notables de ce gaz. Il faut aussi éviter, dans une pièce fermée, d'éteindre du charbon avec de l'eau ; car cette opération dégage de l'oxyde de carbone (V. § 36).

SULFURE DE CARBONE

CS^2. — Équiv^t : 38 ; vol. : 2.

159. Propriétés physiques. — Le sulfure de carbone, découvert en 1796 par Lampadius, est un liquide incolore, très réfringent et très mobile, plus lourd que l'eau (D=1,293), d'une odeur éthérée lorsqu'il est pur. L'odeur fétide qu'il a ordinairement est due à des composés sulfocarbonés que l'on peut détruire en distillant le liquide avec du chlorure de mercure (sublimé corrosif).

Il bout à 45°, et se vaporise rapidement à l'air en produisant un froid intense ; la température peut s'abaisser dans le vide à — 60°. Sa vapeur est plus lourde que le chlore (D=2,63). Il ne se solidifie que vers — 120° ; aussi sert-il à faire des thermomètres destinés aux plus basses températures.

Le sulfure de carbone est formé avec absorption de

chaleur. Cependant il se décompose à peine aux températures élevées. — L'action prolongée des rayons solaires le décompose en soufre et protosulfure de carbone (CS), qui est un corps solide rouge.

160. Propriétés chimiques. — Il est facilement inflammable, et brûle au contact de l'air en donnant de l'acide sulfureux et de l'acide carbonique.

$$CS^2 + 6O = CO^2 + 2SO^2.$$

Le mélange de sa vapeur et d'oxygène, ou même d'air, détone violemment. Pour faire l'expérience sans danger, on introduit un peu de sulfure de carbone liquide dans un petit flacon de verre épais et rempli d'oxygène; on entoure le flacon d'un linge mouillé, et après l'avoir agité, l'on approche une allumette de l'orifice; si le verre est brisé, les éclats sont retenus par le linge. — On voit avec quel soin l'on doit éviter de manier le sulfure de carbone au voisinage de corps enflammés.

Le mélange de sulfure de carbone et de bioxyde d'azote brûle très vivement, avec une flamme blanche, capable de déterminer l'explosion du mélange d'hydrogène et de chlore, ou d'impressionner le papier photographique.

Le chlore, passant avec la vapeur de sulfure de carbone dans un tube porté au rouge, se combine à chacun de ses éléments: il se forme du chlorure de soufre et du bi-chlorure de carbone

$$2\,CS^2 + 8Cl = 4SCl + C^2Cl^4.$$

Les métaux décomposent le sulfure de carbone à une température plus ou moins élevée pour donner des sulfures, avec dépôt de charbon. — Les oxydes sont également transformés en sulfures, avec dégagement d'acide carbonique.

Le sulfure de carbone forme en s'unissant aux sulfures alcalins de véritables sels qui, à cause de leur analogie avec les carbonates correspondants, sont appelés *sulfo-carbonates*. Ainsi, le sulfure de carbone et le sulfure de potassium forment le sulfo-carbonate de potasse (KS,CS^2). On trouve ici un trait de ressemblance très important entre le soufre et l'oxygène.

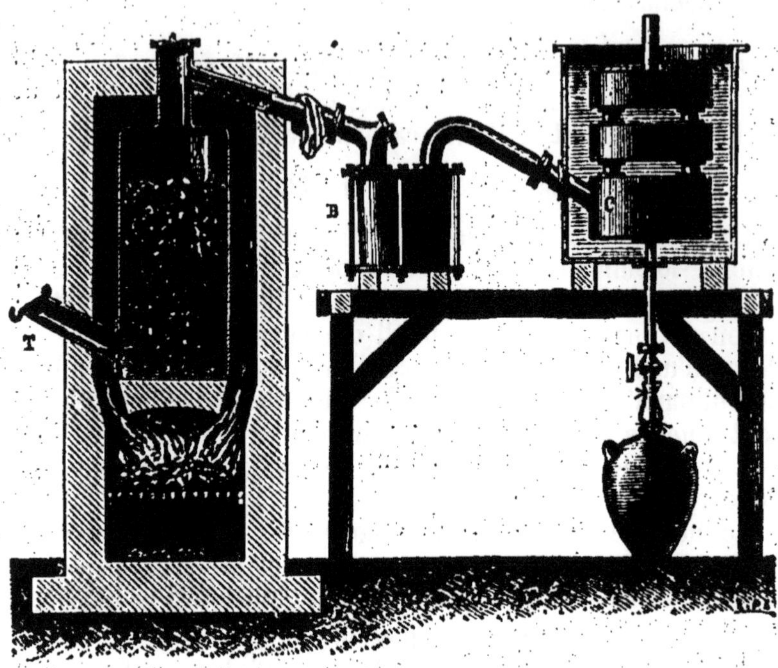

Fig. 115. — Préparation industrielle du sulfure de carbone.

161. Préparation. — Le sulfure de carbone s'obtient industriellement par l'union directe de la vapeur de soufre et du carbone au rouge. On voit à gauche de la figure 115 le cylindre vertical A en fonte rempli de charbon, et au bas, la tubulure T, par laquelle on introduit peu à peu le soufre. Le sulfure de carbone formé traverse un premier récipient B où il dépose le soufre entraîné, puis vient se condenser dans une sorte de serpentin C formé de trois cylindres superposés et cloisonnés par des lames spirales. On laisse de temps en temps s'écouler le liquide dans des bassins où on le conserve sous l'eau. Pour le purifier, on le sèche d'abord en y ajoutant du chlorure de calcium fondu, puis on le distille au bain-marie.

Dans les laboratoires, on chauffe le charbon dans un tube de porcelaine légèrement incliné, et l'on introduit le soufre

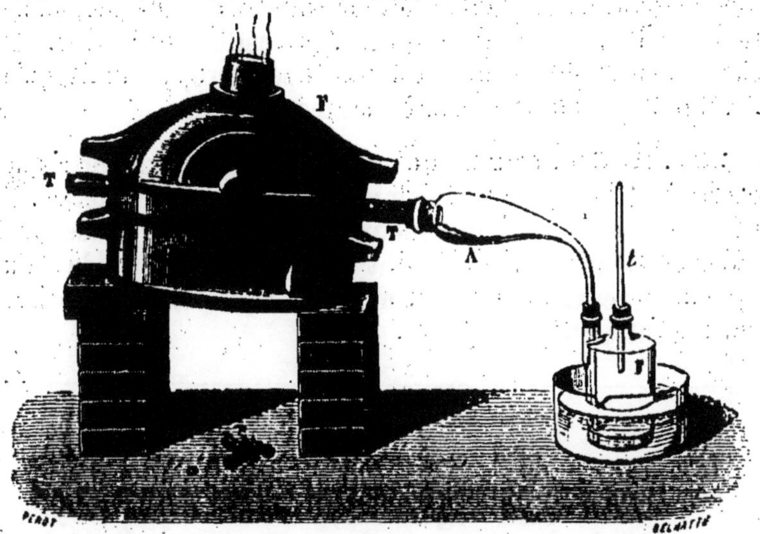

Fig. 116. — Préparation du sulfure de carbone dans les laboratoires.

peu à peu par l'extrémité la plus élevée que l'on ferme par un bouchon (*fig.* 116). On recueille le sulfure de carbone sous l'eau dans un flacon refroidi.

162. Composition. — L'analyse du sulfure de carbone se fait par des procédés appartenant à la chimie organique. Sa composition répond à la formule CS^2, et rappelle celle de l'acide carbonique. En adoptant le nombre 0,828 comme densité de la vapeur de carbone, on voit que le sulfure de carbone obéit à la loi de Gay-Lussac : sa densité de vapeurs est égale à celle du soufre augmentée de la demi-densité du carbone.

163. Applications. — Nous avons vu employer le sulfure de carbone pour dissoudre le soufre, le phosphore ordinaire, l'iode; il dissout également les corps gras, et on l'utilise à ce titre pour dessuinter les laines.

La vulcanisation du caoutchouc en est encore une application très importante. Elle consiste à tremper le caoutchouc dans une dissolution de soufre dans le sulfure de carbone, additionnée de chlorure de soufre. Après cette opération, le caoutchouc reste flexible à toute température, tandis qu'à l'état naturel il devient dur à basse température.

164. Action sur l'économie.— Le sulfure de carbone exerce à la longue sur l'économie une action très délétère. Il cause d'abord de violents maux de tête et des nausées; puis survient un affaiblissement plus ou moins rapide du système nerveux, auquel succombent quelquefois les ouvriers qui manient cette substance.

CYANOGÈNE

C^2Az. — Équiv[t] : 26; vol. : 2.

165. Historique. — La découverte du cyanogène eut un grand retentissement dans le monde savant. C'est à Gay-Lussac que revient l'honneur d'avoir isolé (1814) ce composé de carbone et d'azote qui se comporte en toutes circonstances comme un corps simple très analogue au chlore. Les composés du chlore et du cyanogène sont isomorphes. Aussi représente-t-on souvent ce dernier par le symbole unique Cy. Il tire son nom (κύανος-γεννάω) du bleu de Prusse, où il fut trouvé en combinaison avec le fer.

166. Propriétés physiques. — Le cyanogène est un gaz incolore, d'une odeur vive, qui irrite fortement les muqueuses. Sa densité est 1,8. Il se liquéfie à — 20° sous la pression atmosphérique. Le cyanogène liquide se volatilise rapidement à l'air libre, et produit un froid suffisant pour congeler ce qui reste. La masse cristalline ainsi obtenue fond à — 34°. Le cyanogène est soluble dans l'eau, et surtout dans l'alcool.

167. Propriétés chimiques. — Il n'est que très difficilement décomposable par la chaleur ; il faut le porter au rouge vif, en présence de la mousse de platine. Il se dédouble en carbone et azote sous l'influence d'une série d'étincelles d'induction.

Il brûle au contact de l'air, avec une flamme violette caractéristique, en produisant de l'acide carbonique et de l'azote. Le mélange de cyanogène avec deux fois son volume d'oxygène détone avec violence.

$$C^2Az + 4O = 2CO^2 + Az.$$

Il se combine directement avec l'hydrogène, sous l'influence de l'effluve électrique, pour former l'acide cyanhydrique (C^2AzH). Il ne forme avec les métalloïdes, ainsi qu'avec la plupart des métaux, que des composés indirects. Cependant l'union de ce gaz avec le potassium et le sodium a lieu avec incandescence.

La solution aqueuse du cyanogène s'altère assez rapidement ; ce corps fixe les éléments de l'eau, et se transforme en oxalate d'ammoniaque.

$$2C^2Az + 8HO = 2\,AzH^4O,C^4O^6.$$

Il agit comme le chlore sur les solutions alcalines, et forme un cyanure et un cyanate (1).

$$2KO + 2Cy = KCy + KO,CyO.$$

168. Préparation. — On prépare le cyanogène en décomposant, au-dessous du rouge, le cyanure de mercure bien sec. L'opération se fait dans une petite cornue ou dans un tube de verre (*fig.* 117) ; le gaz est recueilli sur le mer-

1. Le cyanogène ne se combine à l'oxygène que dans un seul rapport. Mais ici se présente un cas remarquable d'isomérie ; trois corps répondent à la formule CyO : l'acide cyanique liquide, produit instable, — l'acide cyanurique que l'on obtient en cristaux incolores par dissolution dans l'eau, — et la cyamélide, corps solide blanc et insoluble.

cure. Après l'opération, il reste dans l'appareil un produit solide noir, qui présente la même composition que le cyanogène, et que l'on appelle *paracyanogène*.

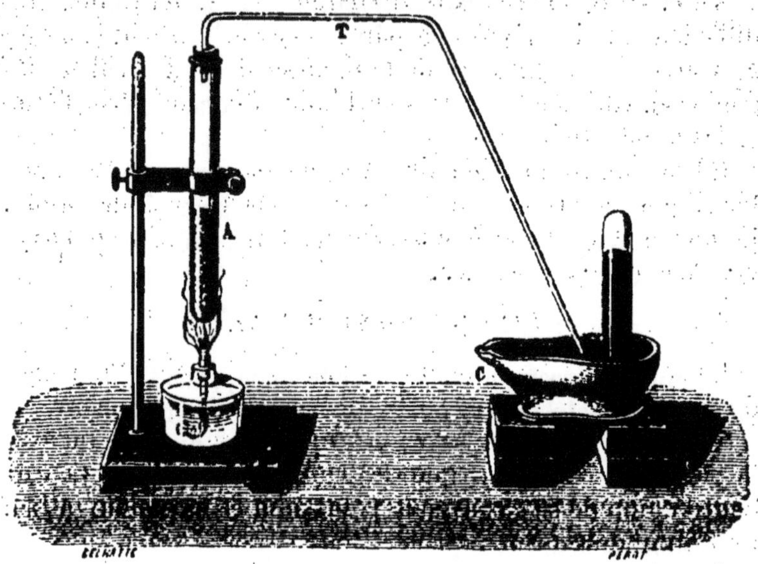

Fig. 117. — Préparation du cyanogène.

Si l'on chauffe le cyanure de mercure en vase clos vers 440°, presque tout le cyanogène se transforme en son isomère. Inversement celui-ci repasse à l'état de cyanogène gazeux lorsqu'on le chauffe dans un courant d'azote. Ces phénomènes sont tout à fait analogues à la transformation du phosphore ordinaire en phosphore rouge, et réciproquement (1).

1. Il est facile de saisir ici la loi découverte par MM. Troost et Hautefeuille, qui limite ces changements d'état réciproques. Le paracyanogène cesse de se transformer en cyanogène, à une température donnée, lorsque celui-ci atteint une certaine pression dite *tension de transformation* à cette température, soit par exemple 129mm à 575°. Inversement si dans un vase clos maintenu à 575° l'on amène du cyanogène à une pression supérieure à 129mm, ce gaz se transforme partiellement en son isomère, jusqu'à ce que sa pression se soit abaissée à 129mm. La tension de transformation est donc très analogue à la tension de dissociation.

Le phosphore rouge se transforme de même en vapeurs de phosphore ordinaire jusqu'à ce que celles-ci aient atteint, par exemple, à 360° la tension de 91mm; et inversement lorsque le phosphore rouge prend nais-

169. Composition. — Pour faire l'analyse du cyanogène, on introduit dans l'eudiomètre à mercure 1 volume de ce gaz et 2 d'oxygène, puis l'on excite l'étincelle. Il reste après l'explosion 3 volumes de gaz dont 2, absorbables par la potasse, sont de l'acide carbonique; l'autre est de l'azote (1).

Nous avons admis plus haut que les 2 volumes d'acide carbonique contiennent 1 volume de vapeur de carbone. Le cyanogène est donc formé de volumes égaux de vapeur de carbone et d'azote, unis avec contraction de moitié, contrairement à la loi de Gay-Lussac.

170. Production des cyanures. — Le cyanogène est un composé indirect. Le carbone et l'azote ne se combinent qu'en présence d'un troisième corps, dont l'union avec le cyanogène dégage plus de chaleur que n'en absorbe la formation de celui-ci (réaction concomitante).

Ainsi :

1° En faisant passer un courant d'air sur un mélange de potasse ou de carbonate de potasse et de charbon porté au rouge, on obtient du *cyanure de potassium* (KC^2Az).

2° En calcinant diverses matières animales (corne, sang, etc.), avec du carbonate de potasse et de la ferraille, on obtient dans l'industrie le *cyanoferrure de potassium* (vulgairement prussiate jaune de potasse) K^2FeCy^3. Le carbone et l'azote sont empruntés à la matière organique.

3° Un courant de gaz ammoniac passant sur du charbon au rouge produit le *cyanhydrate d'ammoniaque* (AzH^3,C^2AzH).

171. Usages. — On emploie dans la dorure et l'argenture galvaniques les cyanures doubles de potassium et d'or

sance à cette température, il reste au dessus de lui de la vapeur de phosphore ordinaire dont la tension est de 0$1^{mm}$.

1. Pour obtenir la combustion complète du cyanogène sans production d'acide azotique, on ajoute au mélange tonnant ci-dessus un certain volume d'un mélange d'hydrogène et d'oxygène dans le rapport où ils forment l'eau. Il sera bon d'ajouter en outre un excès d'oxygène.

ou d'argent, que l'on obtient en traitant un sel de l'un ou l'autre métal en dissolution par un excès de cyanure de potassium.

Le *bleu de Prusse*, produit tinctorial important, est un cyanure de fer (Fe^7Cy^9) que l'on obtient en traitant un sel de sesquioxyde de fer par le ferrocyanure de potassium. Dissous dans l'acide oxalique, ce produit donne une belle encre bleue.

ACIDE CYANHYDRIQUE

C^2AzH. — Équiv[t] : 27; vol. : 4.

172. Propriétés physiques. — Schéele retira du bleu de Prusse (1782) un produit très volatil qu'il nomma *acide prussique;* Gay-Lussac établit sa composition, et lui donna le nom d'acide cyanhydrique.

C'est, à la température ordinaire, un liquide incolore très léger (D=0,7), qui bout à 26° et se solidifie à —15°, miscible à l'eau en toutes proportions. L'odeur du kirsch est due à une petite quantité de ce corps.

173. Propriétés chimiques. — Il brûle à l'air avec une flamme violette; il se produit de l'azote, de l'eau et de l'acide carbonique.

$$C^2AzH + 5O = Az + HO + 2CO^2.$$

L'oxygène chargé de vapeurs d'acide cyanhydrique vers 20° constitue un mélange tonnant.

Le potassium décompose ce corps à une température peu élevée; il se transforme en cyanure, et met l'hydrogène en liberté :

$$HCy + K = KCy + H.$$

La potasse l'absorbe pour former aussi du cyanure de potassium et de l'eau :

$$HCy + KO = KCy + HO.$$

La solution aqueuse d'acide cyanhydrique s'altère vite, surtout à la lumière, et contient notamment du formiate d'ammoniaque :

$$C^2AzH + 4HO = AzH^4O,C^2HO^3.$$

Cet acide est faible; il n'a point d'action sur les carbonates ni sur le tournesol.

174. Préparation. — L'acide cyanhydrique s'extrait facilement des cyanures. Pour l'obtenir pur et anhydre, on chauffe ensemble dans une petite cornue de l'acide chlorhydrique et du cyanure de mercure, et l'on fait passer les vapeurs qui se dégagent dans un tube contenant du marbre concassé, puis du chlorure de calcium fondu (*fig.* 118); l'acide chlorhydrique entraîné déplace l'acide du carbonate de chaux,

Fig. 118. — Préparation de l'acide cyanhydrique anhydre.

et le chlorure de calcium dessèche l'acide cyanhydrique que l'on condense dans un matras entouré d'un mélange réfrigérant.

$$HgCy + HCl = HCy + HgCl.$$

Tel est le procédé de Gay-Lussac.

Pour préparer l'acide cyanhydrique aqueux, on chauffe, d'après Wœhler, un mélange en parties égales de cyanoferrure de potassium pulvérisé et d'acide sulfurique étendu de son poids d'eau. Il suffit pour condenser le produit de refroidir au moyen d'un courant d'eau le tube abducteur.

175. Composition. — L'analyse de ce corps se fait par le procédé général qui sera décrit au sujet des composés organiques. Elle conduit à la formule H.Cy ou $H.C^2Az$. Le cyanogène et l'hydrogène sont unis à volumes égaux sans contraction (conformément à la loi de Gay-Lussac); en effet, la densité de vapeurs de l'acide cyanhydrique est sensiblement moyenne entre celles de ces deux gaz :

$$\frac{1,805 + 0,069}{2} = 0,937.$$

176. Action physiologique. — Les composés cyaniques sont des poisons, et quelques-uns sont très violents : c'est le cas de l'acide cyanhydrique. Une goutte de celui-ci mise dans l'œil d'un animal de grande taille le foudroie; la respiration de vapeurs cyanhydriques cause des vertiges, et devient rapidement mortelle. On conseille, pour le combattre, l'inhalation de chlore ou de gaz ammoniac. Il faut observer toutefois que le chlorure de cyanogène ou le cyanhydrate d'ammoniaque que l'on produit ainsi sont encore des poisons violents. L'acide cyanhydrique est un poison nerveux; il agit sur le système sympathique, provoque d'abord des convulsions tétaniques et une accélération considérable des battements du cœur, bientôt suivie d'un ralentissement, puis de la mort. On l'emploie comme médicament à très faible dose dans les maladies nerveuses; l'eau de laurier-cerise en est une dissolution très étendue. Il prend naissance dans la distillation des feuilles, des fleurs, des amandes de divers arbres à noyau, comme le pêcher, l'abricotier, le cerisier (V. 248).

Réactifs. — L'acide cyanhydrique et les cyanures solubles donnent dans le perchlorure de fer un précipité de bleu de Prusse. Pour en reconnaître de très faibles quantités, on chauffe d'abord la solution avec un peu de sulfhydrate d'ammoniaque jusqu'à ce que la coloration de celui-ci ait disparu (il s'est formé du sulfocyanhydrate d'ammoniaque); puis, on y ajoute une goutte de perchlorure de fer, qui détermine une coloration rouge sang.

CARBURES D'HYDROGÈNE

177. Propriétés générales. — Le carbone forme avec l'hydrogène un très grand nombre de composés. Un seul, l'acétylène (C^4H^2), a pu être obtenu par la combinaison directe de ses éléments; la plupart sont formés avec absorption de chaleur. On en peut conclure que :

1° La combustion complète de ces composés dégage, en général, plus de chaleur que celle de leurs éléments séparés;

2° Ces carbures sont décomposables par la chaleur et par l'électricité.

Tous les carbures d'hydrogène brûlent au contact de l'air en donnant de l'eau et de l'acide carbonique. Quelques-uns, dont l'équivalent est faible, et qui sont gazeux, brûlent avec une flamme plus ou moins éclairante. Les carbures liquides ou solides, qui contiennent plus de carbone sous le même volume de vapeur, ne brûlent qu'incomplètement : la flamme devient fumeuse et laisse déposer du noir de fumée (V. § 145). Le mélange d'oxygène et d'un carbure gazeux ou volatil détone à l'approche d'une flamme.

Pour faciliter l'étude des carbures et donner un coup d'œil d'ensemble sur ces composés, nous les diviserons en un certain nombre de groupes ou familles. L'analyse montre que, si l'on prend des formules représentant quatre volumes de vapeurs, tous les carbures connus sont rangés dans les quinze premières colonnes du tableau ci-dessous, continué suffisamment vers le bas et vers la droite.

C^2H^4	C^2H^2					
C^4H^6	C^4H^4	C^4H^2				
C^6H^8	C^6H^6	C^6H^4	C^8H^2			
C^8H^{10}	C^8H^8	C^8H^6	C^8H^4	C^6H^2		
$C^{10}H^{12}$			$C^{10}H^6$	$C^{10}H^4$	$C^{10}H^2$	—
$C^{12}H^{14}$				$C^{12}H^6$		

Chacune de ces colonnes constitue une famille ou série

homologue. Nous allons examiner rapidement les premières, en insistant sur les quatre carbures dont les formules sont soulignées dans le tableau : le formène (C^2H^4), l'éthylène (C^4H^4), l'acétylène (C^4H^2) et la benzine ($C^{12}H^6$).

REMARQUE. — On nomme *isomères* des corps ayant même composition centésimale et même densité de vapeurs, bien que différant par certaines propriétés. Quand plusieurs corps ont seulement même composition centésimale, leurs densités de vapeurs sont des multiples généralement entiers de celle de l'un d'eux. On dit alors que tous ces corps sont des *polymères* de ce dernier. Par exemple, la benzine, qui a même composition que l'acétylène et pour densité de vapeurs le triple de celle de ce corps, en est le polymère.

Les corps isomères ont même formule; mais, pour distinguer dans l'écriture les polymères, on convient de faire représenter à leurs formules quatre volumes de vapeurs, c'est-à-dire un volume égal à celui de quatre équivalents d'oxygène.

Ainsi nous représenterons l'acétylène par C^4H^2 et la benzine par $C^{12}H^6$. Cela nous permettra de trouver immédiatement la densité de l'acétylène, par exemple (V. § 11). L'équivalent en poids de ce corps est :

$$4 \times 6 + 2 = 26.$$

A volume égal l'oxygène pèse :

$$4 \times 8 = 32.$$

La densité de l'acétylène est donc

$$1{,}1056 \times \frac{26}{32} = 0{,}9\,;$$

la densité de vapeurs de la benzine en est le triple (2,7).

Notons que les lois de Gay-Lussac ne s'appliquent pas aux carbures d'hydrogène en général, ni aux nombreux composés organiques.

Pour comparer plus aisément à ces composés ceux que nous avons étudiés jusqu'ici, il sera bon d'étendre à ces derniers notre convention et de représenter l'eau par H^2O^2, le protoxyde d'azote par Az^2O^2, etc. Nous conviendrons de plus de réunir aux acides l'eau basique qu'ils contiennent, de sorte que l'on écrira :

acide azotique	$AzHO^6 = AzO^5,HO$	(monobasique)
— carbonique	$C^2H^2O^6 = 2CO^2 + 2HO$	(bibasiques)
— sulfureux	$S^2H^2O^6 = 2SO^2 + 2HO$	(bibasiques)
— sulfurique	$S^2H^2O^8 = 2(SO^3,HO)$	(bibasiques)

Cette notation joint à l'avantage précité celui de faciliter l'écriture des sels. Ainsi la formule du sulfate neutre de potasse s'obtient en remplaçant ci-dessus les deux équivalents d'hydrogène par deux équivalents de potassium ($S^2K^2O^8$), celle du bisulfate en ne remplaçant qu'un équivalent d'hydrogène (S^2KHO^8).

Enfin les formules des bases se déduisent de celle de l'eau; on représentera la potasse par KHO^2, l'oxyde d'argent par $AgHO^2$, etc.

PREMIÈRE FAMILLE — PARAFFINES

OU CARBURES SATURÉS

178. Propriétés. — Tous ces carbures résistent à l'action du brome, de l'iode, des acides sulfurique et azotique et des agents oxydants. Ils ne s'unissent à aucun corps par voie d'*addition* : ils ne peuvent entrer en combinaison qu'en perdant un ou plusieurs équivalents d'hydrogène. C'est ce qui leur a valu le nom générique de *paraffines* (*parùm affinis*) donné primitivement à l'un d'eux (1).

Le chlore agissant sur ces carbures se *substitue à l'hydrogène*, équivalent à équivalent. Il en résulte des *éthers chlorhydriques* et divers produits dérivés dont nous citerons quelques-uns en étudiant le formène.

179. État naturel et préparation. — Les carbures de la première famille prennent naissance dans la distillation à basse température des matières organiques, et particulièrement des acides gras. Ils existent dans les *pétroles* (huile de pierre ou de schistes), liquides que l'on obtient par la distillation des schistes bitumineux, et que l'on trouve en diverses contrées à l'état de sources naturelles ou de lacs, exploités pour l'éclairage et le chauffage. Par distillation, on en extrait les plus volatils, qui constituent l'essence minérale.

FORMÈNE

C^2H^4. — Équivt : 16 ; vol. : 4.

180. Propriétés physiques. — Le formène, appelé aussi protocarbure d'hydrogène et *gaz des marais*, est un gaz

1. La paraffine du commerce est un mélange de carbures très condensés auquel on attribue la formule $C^{48}H^{50}$. C'est un corps solide blanc demi-transparent, que l'on extrait principalement des pétroles et que l'on utilise pour la fabrication des bougies translucides. On y ajoute ordinairement un peu d'acide stéarique, pour rendre les bougies moins fusibles, et l'on se sert de mèches très fines, afin que la flamme ne soit pas fumeuse.

incolore, sans odeur ni saveur, très peu soluble dans l'eau et très difficile à liquéfier. Sa densité est sensiblement la moitié de celle de l'oxygène (0,557).

181. Propriétés chimiques. — Nous avons peu de chose à ajouter aux propriétés générales des paraffines.

Le formène brûle avec une flamme peu éclairante. On obtient une explosion très vive en enflammant un mélange de ce gaz avec un volume double d'oxygène.

$$C^2H^4 + 8O = 2CO^2 + 4HO.$$

Si l'on remplace l'oxygène par du chlore, on obtient une combustion très vive, mais sans détonation : il se forme de l'acide chlorhydrique, avec dépôt abondant de noir de fumée :

$$C^2H^4 + 4Cl = 4HCl + 2C.$$

Sous l'influence des rayons solaires, le chlore se substitue à l'hydrogène et forme successivement des composés ayant pour formules C^2H^3Cl, $C^2H^2Cl^2$, C^2HCl^3 (chloroforme) et C^2Cl^4 (bichlorure de carbone). On aura par exemple :

$$C^2H^4 + 6Cl = C^2HCl^3 + 3HCl.$$

182. Préparation. — Le formène se produit dans la décomposition de l'acide acétique (vinaigre concentré) par la chaleur. La formule de ce corps peut en effet se décomposer en celles du formène et de l'acide carbonique :

$$C^4H^4O^4 = C^2H^4 + 2CO^2.$$

Mais la décomposition de l'acide acétique seul donne un grand nombre de composés divers (particulièrement l'*acétone* : $C^6H^6O^2$) et un mauvais rendement en formène.

On obtient ce gaz à peu près pur en chauffant assez fortement un mélange d'acétate de soude et de chaux sodée (*fig.* 119). La soude retient l'acide carbonique, ainsi que l'exprime la formule suivante (1) :

$$C^4H^3NaO^4 + NaO,HO = C^2H^4 + 2(NaO,CO^2).$$

183. Composition. — L'analyse du formène ainsi que des autres carbures gazeux se fait au moyen de l'eudiomètre à mercure. Introduisons dans cet appareil un volume de formène et trois volumes d'oxygène, puis excitons l'étincelle : il reste après l'explosion deux volumes de gaz, et de l'eau ruis-

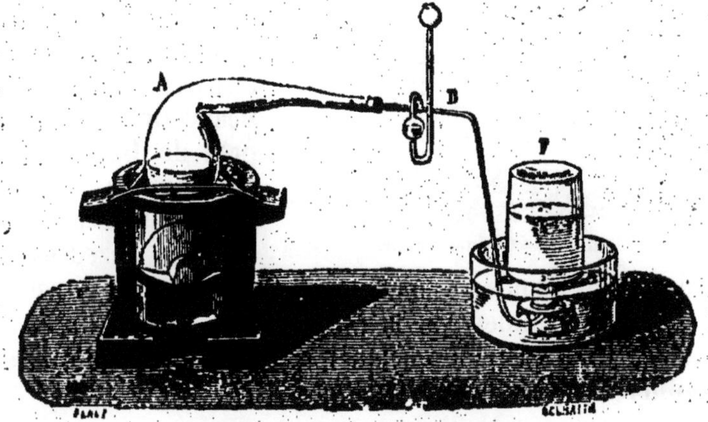

Fig. 119. — Préparation du formène.

selle sur les parois. La moitié du résidu, absorbable par la potasse, est de l'acide carbonique; l'autre moitié est de l'oxygène qu'il faut mettre en excès pour diminuer la violence de l'explosion. Le volume d'acide carbonique renferme un demi-volume de carbone et un volume d'oxygène; le deuxième volume de ce dernier a formé de l'eau avec deux volumes

1. On ne peut employer la soude seule, parce qu'elle fond pendant l'opération; le mélange cesse d'être intime, et d'ailleurs la soude attaque le verre. La chaux seule ne déterminerait la réaction qu'à une température supérieure à celle du ramollissement du verre. La chaux sodée, obtenue en calcinant de la chaux vive avec la moitié de son poids de soude caustique, agit comme la soude et a l'avantage, ne fondant pas, de rester bien mélangée à l'acétate.

d'hydrogène. Un volume de formène est donc composé de deux volumes d'hydrogène et d'un demi-volume de vapeur de carbone.

184. Etat naturel. — Le formène se produit fréquemment dans la nature par la décomposition de matières végétales. On peut le recueillir, mélangé d'acide carbonique, d'hydrogène et des gaz atmosphériques, en remuant avec un bâton la vase des marais (*fig.* 120). Il se dégage des fissures du sol dans beaucoup de localités : près de Bologne et de Florence, à Java, etc. Quelques-unes de ces sources gazeuses sont enflammées depuis fort longtemps, et sont utilisées pour la cuisson des aliments ou la fabrication de la chaux et des poteries. Il se dégage quelquefois en abondance dans les houillères et prend alors le nom de *grisou*.

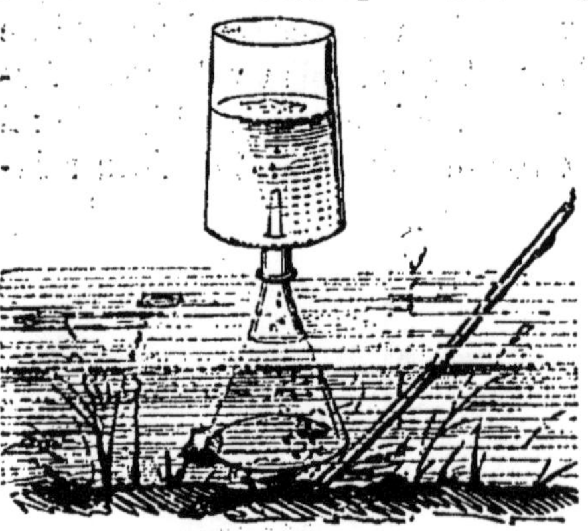

Fig. 120. — Gaz des marais.

II° FAMILLE. — OLÉFINES

185. Propriétés générales. — A l'inverse des paraffines, ces carbures se combinent très facilement par addition avec les corps simples ou composés. Ainsi l'acide sulfurique peut absorber 120 fois son volume d'éthylène et plus encore de propylène (C^6H^6) et de butylène (C^8H^8).

L'acide chlorhydrique se combine à ces corps pour former les *éthers chlorhydriques*. Il en est de même des acides bromhydrique et iodhydrique.

Ces carbures peuvent fixer également une molécule (4 vol. de vapeur) de chlore, de brome ou d'iode. Ces derniers peuvent ensuite se substituer à l'hydrogène dans les composés ainsi obtenus. Nous étudierons spécialement l'action du chlore sur l'éthylène.

Les carbures de cette famille sont rares dans la nature. Ils prennent naissance dans la décomposition ignée des substances organiques, et particulièrement des alcools.

ÉTHYLÈNE

C^4H^4. — Equivt : 28 ; vol. : 4.

186. Propriétés physiques. — Ce gaz, découvert en Hollande en 1795, se nomme aussi bicarbure d'hydrogène et *gaz oléfiant*. Il est incolore, sans saveur ; son odeur est faible et éthérée. Il a la même densité que l'azote (0,97). Faraday a pu le liquéfier par l'action simultanée d'un froid de — 110° et d'une forte pression. Il se dissout dans six fois son volume d'eau environ ; il est plus soluble dans l'alcool et l'éther.

187. Propriétés chimiques. — L'éthylène brûle avec une flamme très éclairante ; en présence d'une quantité insuffisante d'oxygène, il y a dépôt de charbon. Le mélange d'éthylène avec trois fois son volume d'oxygène détone avec une extrême violence :

$$C^4H^4 + 12O = 4CO^2 + 4HO.$$

On ne doit répéter l'expérience que dans un très petit flacon bien entouré d'un linge mouillé.

Le mélange d'éthylène avec le double de son volume de chlore brûle en produisant une épaisse fumée.

$$C^4H^4 + 4Cl = 4HCl + 4C$$

Le mélange des mêmes gaz à volumes égaux, exposé à la lumière diffuse ou mieux aux rayons solaires, se transforme en un liquide huileux qui se rassemble sous l'eau : c'est l'*huile des Hollandais* ($C^4H^4Cl^2$) qui a valu à l'éthylène le nom de *gaz oléfiant* et au groupe tout entier celui d'*oléfines*.

Le chlore, se substituant ensuite à l'hydrogène dans la liqueur des Hollandais, forme successivement $C^4H^3Cl^3$, $C^4H^2Cl^4$, C^4HCl^5 et C^4Cl^6 (sesquichlorure de carbone) ; ainsi :

$$C^4H^4Cl^2 + 8Cl = C^4Cl^6 + 4HCl.$$

188. Préparation. — L'éthylène se produit dans la décomposition par la chaleur des bitumes, des graisses, de l'alcool, etc. La formule de ce dernier corps indique qu'il peut se dédoubler en éthylène et eau :

$$C^4H^6O^2 = C^4H^4 + 2HO.$$

Cette décomposition se produit, en effet, lorsqu'on chauffe l'alcool vers 160° avec cinq ou six fois son poids d'acide sulfurique concentré (*fig.* 121). On ajoute peu à peu ce dernier à l'alcool dans un vase refroidi, et l'on introduit le mélange

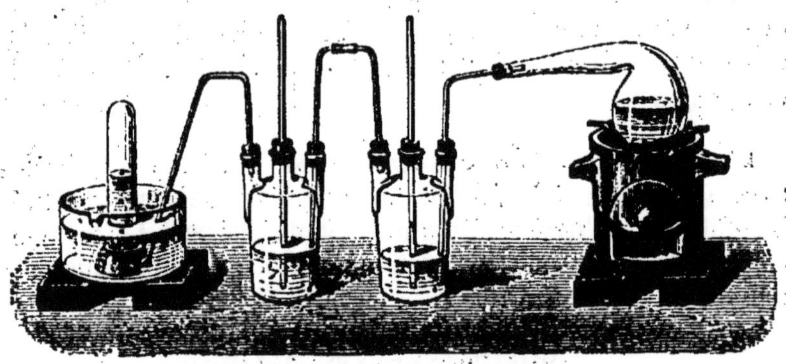

Fig. 121. — Préparation de l'éthylène.

dans une cornue, avec du sable ou de la vaseline qui ont pour effet de régulariser le dégagement du gaz et d'empêcher le boursouflement qui tend à se produire (1).

189. Composition. — Dans l'eudiomètre à mercure, on

1. Nous verrons plus loin que l'*éther* se produit dans l'action de l'acide sulfurique sur l'alcool vers 140°. Si la température dépasse notablement 160°, l'éthylène est partiellement décomposé par l'acide sulfurique et il se forme de l'acide sulfureux et de l'acide carbonique. Ces derniers sont absorbés par un flacon laveur à potasse ; l'éther se dissout dans un second flacon contenant de l'acide sulfurique.

introduit l'éthylène avec cinq ou six fois son volume d'oxygène. Après le passage de l'étincelle, il s'est formé deux volumes d'acide carbonique, que l'on absorbe par la potasse, et de l'eau; trois volumes d'oxygène ont disparu, dont deux se retrouvent dans l'acide carbonique avec un volume de carbone; le troisième a formé de l'eau avec deux volumes d'hydrogène que contenait le carbure. Celui-ci est donc formé de ces deux volumes d'hydrogène et d'un volume de carbone condensés en un seul volume.

IIIe FAMILLE. — CARBURES ACÉTYLÉNIQUES

190. Propriétés générales. — De même que les oléfines peuvent compléter en quelque sorte leur molécule en y adjoignant une molécule d'hydrogène, de chlore, d'acide chlorhydrique ou sulfurique, etc., les carbures de la troisième famille peuvent fixer une ou deux molécules de ces divers corps; certains peuvent échanger une partie de leur hydrogène contre une ou plusieurs molécules métalliques. Nous nous bornerons à étudier sommairement l'acétylène.

ACÉTYLÈNE

C^4H^2. — Équivt : 26; vol. : 4.

191. Propriétés physiques. — L'acétylène a été étudié par M. Berthelot, qui a pu l'obtenir par l'union directe de ses éléments en faisant passer un courant d'hydrogène dans un œuf électrique où l'arc jaillissait entre deux charbons.

C'est un gaz incolore, d'une odeur désagréable, que l'on retrouve au gaz de l'éclairage, difficilement liquéfiable. Sa densité est 0,92; il se dissout dans son volume d'eau environ.

Sous l'action de la chaleur, il se polymérise et produit la

benzine ($C^{12}H^{6}$), le styrolène ($C^{16}H^{8}$), etc... Si la température s'élève suffisamment, le gaz peut se décomposer en carbone et hydrogène. Chauffé avec ce dernier gaz, il forme l'éthylène ($C^{4}H^{4}$) et l'hydrure d'éthylène ($C^{4}H^{6}$).

192. Propriétés chimiques. — L'acétylène brûle à l'air avec une flamme fumeuse ; le mélange de ce gaz avec deux fois et demie son volume d'oxygène détone violemment

$$C^{4}H^{2} + 10\,O = 4\,CO^{2} + 2\,HO.$$

L'oxydation lente par le permanganate de potasse, par exemple, le transforme en acide oxalique ($C^{4}H^{2}O^{8}$) : une dissolution de permanganate versée dans un flacon plein d'acétylène se décolore rapidement par l'agitation.

Le chlore, le brome, l'iode s'unissent à ce gaz et donnent des produits d'addition et de substitution. Le mélange de chlore et d'acétylène détone quand on l'expose aux rayons solaires :

Sous l'influence de l'étincelle ou de l'effluve électrique, l'acétylène se combine à l'azote pour former l'acide cyanhydrique.

$$C^{4}H^{2} + 2\,Az = 2\,C^{2}AzH.$$

193. Production. Préparation. — L'acétylène se produit toutes les fois qu'une substance hydrocarbonée est portée à une température élevée; il prend aussi naissance dans les combustions incomplètes. On le montre en brûlant un peu d'éther au fond d'une longue éprouvette où l'on a mis une dissolution ammoniacale de sous-chlorure de cuivre. On voit bientôt se produire un précipité rouge d'*acétylure de cuivre* ($C^{4}H^{2}, 2\,Cu^{2}O$).

Pour obtenir des quantités notables d'acétylène, on fait passer du gaz de l'éclairage ou de l'éthylène dans un tube de porcelaine fortement chauffé, et l'on dirige le courant gazeux dans des flacons contenant du chlorure de cuivre ammoniacal.

L'acétylure rouge ainsi obtenu est ensuite traité, à une température peu élevée, par l'acide chlorhydrique qui dégage l'acétylène.

194. Composition. — Pour analyser ce gaz, on en introduit dans l'eudiomètre à mercure un volume avec trois volumes d'oxygène. Après la combustion, il reste deux volumes d'acide carbonique, absorbable par la potasse, et un demi-volume d'oxygène; deux volumes de ce dernier ont servi à former l'acide carbonique, et un demi-volume a formé de l'eau avec un volume d'hydrogène. L'acétylène contient donc son volume d'hydrogène et autant de carbone, unis avec contraction de moitié.

IVe FAMILLE. — TÉRÉBÈNES

195. — Les principaux représentants de cette famille constituent les essences de térébenthine, de citron, de cubèbe, etc., et ont pour formule ($C^{20}H^{16}$).

Le camphre et le caoutchouc contiennent des isomères de l'essence de térébenthine; par fixation d'eau et d'oxygène, ces divers corps d'origine végétale se transforment en *résines*.

Ve FAMILLE. — CARBURES AROMATIQUES

196. — Un certain nombre de corps de cette famille prennent naissance dans la distillation sèche des matières hydrocarbonées très riches en carbone, comme la houille. On les retrouve dans les goudrons. Ces produits sont très stables; ils ont de nombreux dérivés. Par oxydation, ils se transforment en acides, dits aromatiques, tels que l'acide benzoïque ($C^{14}H^6O^4$).

BENZINE

$C^{12}H^{6}$. — Equivt : 78 ; vol. : 4.

107. Propriétés physiques. — La benzine, découverte par Faraday (1825), est un liquide très mobile, d'une odeur forte (mais non fétide comme celle des benzines du commerce), bouillant à 80°,4 et se solidifiant par refroidissement en une masse cristallisée qui fond à 4°,5. Elle est insoluble dans l'eau ; elle dissout facilement le soufre, le phosphore, l'iode, les corps gras, la cire, le camphre, le caoutchouc, etc... Sa densité est 0,9.

108. Propriétés chimiques. — La benzine brûle à l'air avec une flamme fumeuse. A la température ordinaire, l'oxygène libre n'a pas d'action sur elle ; mais les corps oxydants la transforment en acides oxalique, carbonique, benzoïque, etc...

Le chlore et ses congénères donnent, en agissant sur la benzine, de nombreux composés ; citons seulement l'*hexachlorure de benzine* ($C^{12}H^{6}Cl^{6}$), corps solide qui se produit lorsqu'on expose à la lumière directe du soleil un flacon rempli de chlore où l'on a versé quelques gouttes de benzine.

L'action de l'acide azotique donne un produit très important, la *nitro-benzine* ($C^{12}H^{5},AzO^{4}$). Il y a substitution de l'acide hypoazotique à l'hydrogène, équivalent à équivalent. Pour obtenir la nitro-benzine, on verse peu à peu la benzine dans l'acide azotique fumant bien refroidi.

La majeure partie de la nitro-benzine préparée dans l'industrie est transformée en *aniline* (V. § 260). On l'emploie aussi dans la parfumerie sous le nom d'*essence de mirbane*, à cause de son odeur qui rappelle l'essence d'amandes amères.

109. Préparation. — On obtient la benzine en distillant le benzoate de chaux avec de la chaux vive (Mitscherlich). L'acide benzoïque est à la benzine ce que l'acide acétique est au formène :

$$C^{14}H^{6}O^{4} = C^{12}H^{6} + 2\,CO^{2}.$$
$$C^{4}H^{4}O^{4} = C^{2}H^{4} + 2\,CO^{2}.$$

Mais la benzine commerciale est extraite principalement des goudrons de la houille. On recueille sous le nom d'*huiles légères* ce qui passe au dessous de 150° dans la distillation de ces goudrons ; ces huiles légères, après avoir été débarrassées de divers produits, sont de nouveau distillées (1). La benzine recueillie au voisinage de 80° est livrée au commerce; on la purifie par plusieurs cristallisations successives.

200. Usages. — Le mélange de trois parties de benzine avec une partie d'alcool est employé pour le dégraissage ; on dissout les vernis avec un mélange ne contenant que deux parties de benzine pour une d'alcool. Enfin le mélange d'une partie de benzine pour deux d'alcool brûle avec une flamme éclairante mais non fumeuse.

GAZ DE L'ÉCLAIRAGE

201. Historique. — Un ingénieur français, Philippe Lebon, imagina (1785) sous le nom de *thermolampe* un appareil destiné à éclairer en même temps qu'à chauffer économiquement. Le gaz obtenu par la calcination du bois ou de la houille, et non purifié, avait une odeur désagréable et une flamme fumeuse qui en firent rejeter l'emploi. Les essais furent poursuivis en Angleterre, et l'éclairage au gaz fut inauguré en 1805 dans les ateliers de Watt, et en 1810 dans les rues de Londres. Il ne fut appliqué publiquement à Paris qu'en 1817.

202. Préparation. — Le gaz est obtenu actuellement par la calcination au rouge cerise (800° environ) des houilles à longue flamme de Mons ou d'Anzin, du Cannel-Coal d'Angleterre, etc.

1. On enlève les alcalis en agitant avec 5 pour 100 d'acide sulfurique et les phénols au moyen d'environ 2 pour 100 de soude.

Ces houilles renferment en moyenne :

83 % de carbone
5 — d'hydrogène
12 — d'oxygène et azote.

Par la distillation, 100 kilogrammes de houille fournissent environ 25 mètres cubes de gaz, 1 hectolitre et demi de coke et quelques kilogrammes de goudrons et de charbon de cornue.

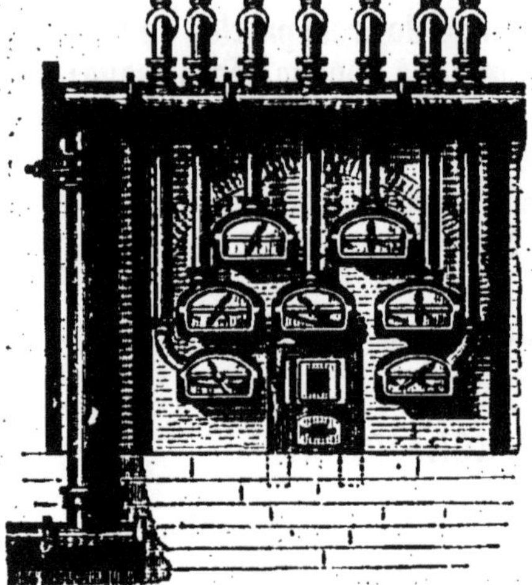

Fig. 122. — Four à gaz (vue antérieure).

La distillation de certains schistes bitumineux (bog-head d'Ecosse) peut donner jusqu'à 77 mètres cubes de très beau gaz pour 100 kilogrammes de matière employée.

La distillation de la houille se fait dans de grandes cornues cylindriques en terre réfractaire, réunies en batteries de sept autour d'un foyer unique (*fig.* 122). Chaque cornue a environ $2^m,50$ de long, et peut contenir 100 kilogrammes de charbon ; elle est fermée en avant par une plaque mobile en fonte lutée, que l'on applique au moyen d'une vis et d'un étrier sur une garniture de même métal (*fig.* 123). Celle-ci porte le tube de dégagement vertical qui va plonger de quelques centimètres dans un gros tube horizontal (barillet), à demi rempli d'eau au début et de goudrons dans la suite. Le niveau du liquide

Fig. 123. — Cornue réfractaire pour la distillation de la houille.

Fig. 124. — Principaux appareils d'une usine à gaz.

y est maintenu constant au moyen d'un déversoir. C'est là que commence la condensation des produits ammoniacaux et des nombreux carbures liquides ou solides, qui accompagnent le gaz à la température élevée où se fait l'opération, et constituent les *goudrons*. (Nous avons déjà vu que l'on en extrait la benzine et l'ammoniaque.) Cette condensation est achevée dans des réfrigérants de formes diverses. On voit, par exemple, sur la figure 124 de longs tubes en U renversés sur une caisse à compartiments, et enfin un gros cylindre de fonte divisé en deux parties par une cloison verticale et rempli de coke.

Après cette *épuration physique*, le gaz est dirigé dans de grandes caisses où il doit traverser un mélange de sulfate de chaux (*plâtre*) et de sesquioxyde de fer, disposé sur des claies superposées, et rendu perméable au moyen de sciure de bois. Le gaz s'y débarrasse des acides carbonique et sulfhydrique, ainsi que de l'ammoniaque libre ou combinée (1).

Le gaz sulfhydrique est absorbé par l'oxyde de fer, qui se transforme en sulfure; l'ammoniaque déplace la chaux pour former du sulfate d'ammoniaque, et l'acide carbonique est retenu en majeure partie par la chaux (2).

Le gaz ainsi purifié se rend dans le gazomètre d'où il est distribué dans la ville. Il présente en moyenne la composition suivante :

40 °/₀ d'hydrogène
40 — de formène
10 — d'éthylène, acétylène, etc.
5 — d'oxyde de carbone
5 — d'azote, oxygène et acide carbonique.

1. Il contenait de 5 à 6 pour 100 de ces diverses substances réunies.

2. Le mélange de sulfate de chaux et de sesquioxyde de fer est obtenu en traitant le sulfate de fer par la chaux. Quand il cesse d'agir, on le régénère en le lavant d'abord pour enlever le sulfate d'ammoniaque, et l'exposant à l'air après y avoir ajouté de la craie pulvérisée. Le sulfure de fer se transforme en sulfate, qui réagit sur le carbonate de chaux et forme du sulfate de chaux et de l'oxyde de fer, avec dégagement d'acide carbonique.

La densité de ce gaz est environ 0,45. En vertu de sa légèreté, il peut être employé au gonflement des ballons. Il a une odeur assez forte, qui est due principalement à l'acétylène. C'est encore à ce gaz, ainsi qu'à l'éthylène et à de faibles quantités de vapeur de benzine, qu'il doit son pouvoir éclairant.

Remarques. — Le gaz n'est éclairant qu'autant que la préparation n'a pas été poussée trop loin, et que l'on n'a pas dépassé la température du rouge cerise. Le coke devient d'ailleurs très spongieux et difficilement combustible si l'on n'observe pas ces conditions.

Le *charbon des cornues* se produit dans cette opération par la décomposition des carbures volatilisés au contact des parois très chaudes de la cornue.

COMBUSTIONS. — FLAMMES

203. — Nous avons donné le nom de combustion à toute réaction accompagnée de dégagement de chaleur. Lorsque la chaleur dégagée suffit pour élever considérablement la température des corps, la *combustion est vive;* si cette température atteint ou dépasse le rouge, on dit qu'il y a *ignition* ou *incandescence.* Enfin lorsque, dans ce dernier cas, les corps qui se combinent sont à l'état gazeux ou que le produit de la combustion est lui-même gazeux, il y a *flamme.* Le premier cas se présente pour le phosphore, le zinc, le magnésium, qui brûlent à l'air avec flamme parce qu'ils se volatilisent à la température de la combustion; le deuxième est réalisé par le charbon brûlant dans l'oxygène. Le fer, par exemple, brûle sans flamme dans l'oxygène

Fig. 125. — Combustion de l'hydrogène ou de l'oxyde de carbone.

parce que ce métal et l'oxyde salin qui résulte de sa combustion ne se volatilisent pas dans l'expérience.

Lorsqu'une flamme est formée uniquement de substances gazeuses, elle est généralement peu visible; cependant la flamme de l'hydrogène devient assez brillante lorsqu'elle est obtenue dans une atmosphère comprimée. D'ordinaire, l'éclat des flammes est dû à des particules solides en suspension. On constate facilement la présence de charbon très divisé dans la flamme d'un bec de gaz ordinaire ou d'une bougie, en écrasant cette flamme au moyen d'un morceau de porcelaine; celui-ci se recouvre de noir de fumée. La flamme du phosphore doit son éclat à l'acide phosphorique solide qu'elle contient. Ces observations ont reçu une application dans la *lumière de Drummond* (V. § 25).

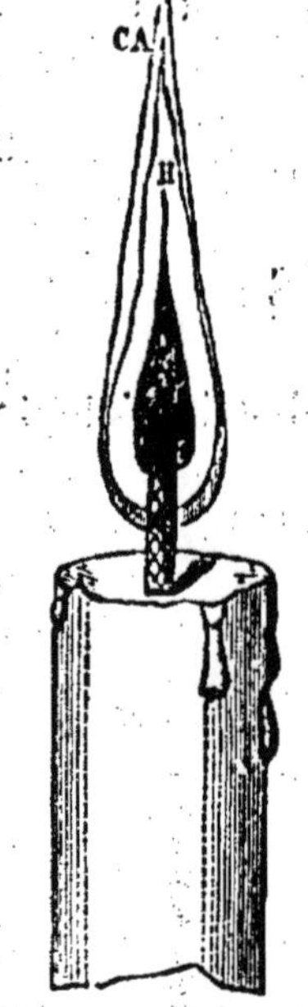

Fig. 123. — Constitution de la flamme d'une bougie.

204. Constitution de la flamme. — Une flamme est généralement constituée de plusieurs parties distinctes. Il y a lieu de distinguer à cet égard plusieurs cas. Dans la flamme de l'hydrogène brûlant dans l'air ou l'oxygène (*fig.* 125) on voit une partie centrale *a* non brillante, occupée par l'hydrogène seul; c'est dans la partie externe *b* plus ou moins brillante et très chaude qu'a lieu la combustion. Il en est de même de la flamme de l'oxyde de carbone, qui n'est point décomposable dans ces conditions et ne produit en brûlant que de l'acide carbonique.

La flamme d'un bec de gaz, d'une lampe ou d'une bougie est plus complexe, et présente quatre parties distinctes :

1° Au centre, un cône sombre occupé par le gaz ou la vapeur provenant de la volatilisation du corps combustible;

2° Une sorte d'enveloppe brillante où la combustion est incomplète, et qui tient en suspension des particules de charbon;

3° La partie externe, moins brillante mais la plus chaude, où la combustion est complète;

4° A la base, une sorte de gaine colorée en bleu où brûle l'oxyde de carbone provenant de la décomposition partielle de la matière combustible.

Fig. 127. — Chalumeau.

205. Température des flammes. — La température de la flamme n'est pas proportionnelle à son éclat : elle dépend seulement de la quantité de chaleur produite et de la nature des produits de la combustion (1).

On élève considérablement la température d'une flamme en y faisant arriver de l'air ou mieux de l'oxygène de manière à produire la combustion complète. Pour atteindre ce but, on a imaginé des dispositions diverses :

1° Le *chalumeau* réalise l'une des plus simples (*fig.* 127). Il se compose d'un tube qui présente un renflement ou réservoir B, une embouchure A et un ajutage latéral dont

1. Soit à calculer, par exemple, la température développée par la combustion de l'hydrogène dans la moitié de son volume d'oxygène.

On sait que la formation d'un équivalent d'eau (ramenée à 0°) dégage 34500 calories, soit pour un gramme 3833°. Pour porter ce gramme d'eau à l'état de vapeurs à 100°, il faut 637°. Divisant la différence 3196° par la chaleur spécifique de vapeur d'eau (0,475) nous trouvons 6772. La température de la flamme devra donc atteindre 6870° environ. Mais la dissociation de l'eau serait très avancée à cette température ; l'expérience a montré que la moitié seulement des gaz se combinent. Les 34500 calories serviront donc à échauffer 9 grammes de vapeur d'eau, 1 gramme d'hydrogène et 8 grammes d'oxygène ; d'où l'on conclut, en tenant compte des chaleurs spécifiques de ces gaz, que la température ne peut atteindre au maximum que 2800°. En fait, elle est d'environ 2500°. La température de combustion de l'hydrogène dans l'air est inférieure à 2000°.

l'extrémité en platine P est percée d'un orifice très fin. En plaçant celle-ci dans la flamme d'une bougie, et soufflant convenablement par l'embouchure, on produit une température bien supérieure à celle que donne ordinairement la bougie. Cet instrument sert à faire les soudures; il est aussi très employé en minéralogie.

2° Le *brûleur de Bunsen* (*fig.* 128) est formé d'un tube percé de deux trous opposés que l'on peut fermer plus ou moins complètement au moyen d'une virole; au niveau des orifices s'ouvre un tube plus petit par lequel arrive le gaz de l'éclairage; celui-ci détermine un appel d'air variable avec les ouvertures, de sorte que l'on peut enflammer à l'extrémité du tube un mélange en proportions convenables de gaz et d'air. On tourne la virole jusqu'à ce que la flamme cesse d'être éclairante; c'est alors qu'elle est le plus chaude.

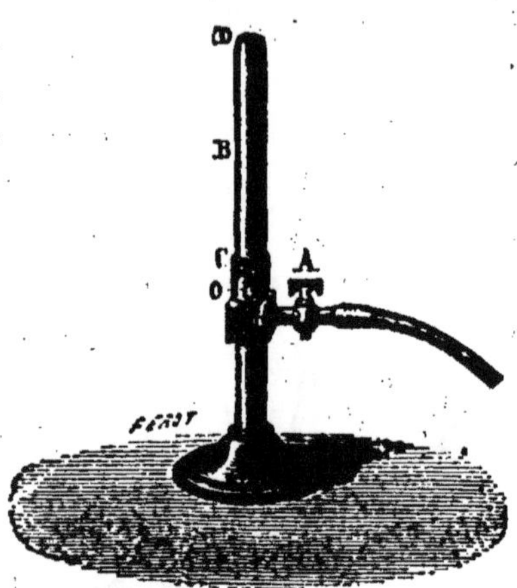

Fig. 128. — Brûleur de Bunsen.

206. Inflammation. — La combustion ne commence qu'à une certaine température, qui dépend de la nature et de la proportion des corps mis en présence.

Certains corps solides tels que le phosphore, le sodium, s'altèrent à l'air à la température ordinaire, et peuvent s'échauffer suffisamment pour prendre feu. D'autres, comme le fer, le sulfure de sodium, qui ne brûlent ordinairement qu'à une température élevée, s'enflamment spontanément à l'air lorsqu'ils sont suffisamment divisés (V. *fer pyrophorique*, § 31).

Pour les mélanges de gaz, l'inflammation est d'autant plus aisée et se propage d'autant plus vite que le mélange est plus voisin de celui qui donne la combustion complète; l'explosion en est aussi d'autant plus vive. Ainsi, le mélange d'un volume d'oxygène avec deux volumes d'hydrogène s'enflamme au rouge avec une vive explosion ; si l'on met dix volumes d'hydrogène, la combustion se propage doucement et sans explosion dans la masse gazeuse ; le mélange d'un volume d'oxygène avec quinze volumes d'hydrogène n'est plus inflammable. On arrive au même résultat en ajoutant à un mélange bien combustible une quantité croissante d'un gaz inerte, comme l'azote ou l'acide carbonique. La raison en est que la chaleur produite par la combustion doit se partager entre les produits de la combustion et le gaz inerte ou en excès, ce qui abaisse la température de la combustion.

Dans certains cas, la combinaison peut se faire progressivement, comme dans la *lampe sans flamme* (*fig.* 129). Une spirale de platine est suspendue dans la flamme d'une lampe à alcool additionné d'éther ; puis, la spirale étant portée au rouge, on éteint la flamme. Le platine demeure incandescent; les vapeurs d'éther et d'alcool continuent à se combiner à l'oxygène dans les pores du métal; mais la température n'est pas assez élevée pour rallumer la lampe.

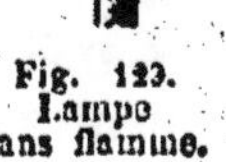

Fig. 129. Lampe sans flamme.

Notons que dans un brûleur de Bunsen la vitesse d'inflammation (avec laquelle la flamme se propage dans le mélange gazeux) est inférieure à la vitesse d'écoulement du gaz. Si le gaz de l'éclairage n'arrive pas suffisamment vite, les orifices O étant ouverts, la vitesse d'inflammation dépasse bientôt la vitesse d'écoulement, et le gaz brûle dans l'intérieur du tube. On ne peut enflammer sans danger un jet d'un mélange d'oxygène et d'hydrogène dans le rapport convenable pour former de l'eau qu'en lui donnant une vitesse d'écoulement considérable. Aussi a-t-on dû construire, afin d'éviter tout danger d'explosion, les chalumeaux oxhydriques à gaz séparés (*fig.* 24), c'est-à-dire dans lesquels les gaz ne se mélangent qu'à la sortie de l'appareil.

207. Lampe de Davy. — On peut empêcher la propagation de la flamme dans un mélange explosif au moyen des toiles métalliques. Ainsi, lorsque sur un bec de gaz on descend une pareille toile, on écrase la flamme, et les gaz considérablement refroidis peuvent être enflammés au-dessus du tissu métallique (*fig.* 130). L'expérience réussit d'autant plus facilement que le métal conduit mieux la chaleur et que les mailles sont plus serrées.

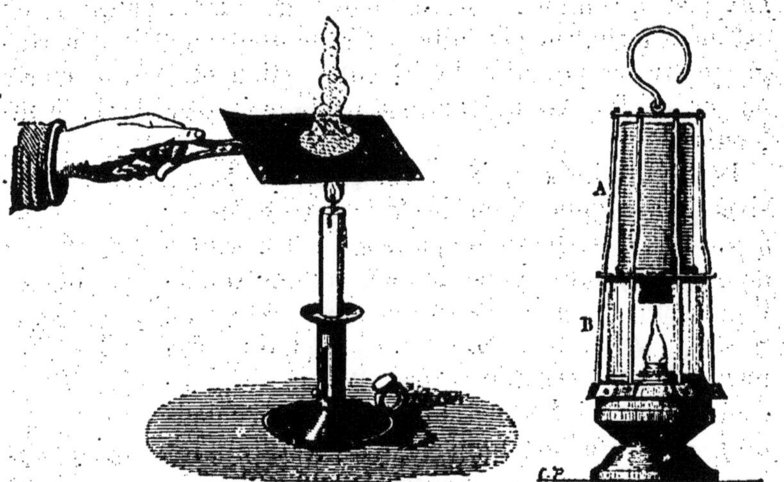

Fig. 130. — Effet des toiles métalliques. Fig. 131. — Lampe de Davy.

Davy eut l'heureuse idée d'appliquer cette propriété des toiles métalliques pour éviter les explosions du *grisou*, si fréquentes dans les mines de houille.

Dans la lampe de sûreté primitive, la flamme était complètement entourée de toile métallique. Pour obtenir un éclairement plus satisfaisant, on a imaginé de mettre à la partie inférieure un cylindre de verre, et d'entourer la flamme d'une cheminée destinée à activer la combustion (*fig.* 131). Si le grisou se répand dans la mine et pénètre dans la lampe, une explosion a lieu dans celle-ci, mais l'inflammation ne se propage pas au delà de la toile métallique.

BORE. — SILICIUM

208. — Le bore et le silicium se rapprochent du carbone par leurs propriétés physiques, quoiqu'ils lui ressemblent peu au point de vue chimique. Ce sont des corps très réfractaires et très durs, qui ne se dissolvent que dans les métaux en fusion; ils peuvent cristalliser et présenter même des cristaux transparents (bore adamantin). Ces deux corps se rencontrent dans la nature à l'état d'acides borique et silicique. Le premier sert à préparer le borax (borate de soude), produit commercial assez important; le deuxième n'est autre que le sable ou silice : il forme particulièrement avec l'alumine, la chaux et les alcalis, de nombreux silicates qui constituent la majeure partie de l'écorce terrestre.

SILICE

SiO^2. — Equiv[t] : 30.

209. Propriétés physiques. — Pure et anhydre, la silice se présente en cristaux transparents, qui ont la forme de prismes hexagonaux terminés par des pyramides; tel est le quartz hyalin ou cristal de roche. Ces cristaux sont quelquefois violacés (améthyste) ou noirs (quartz enfumé).

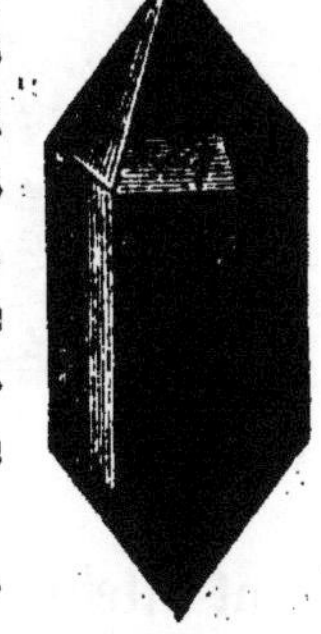

Fig. 132. Cristal de roche.

Le quartz est un corps très dur, rayant le verre, fusible au chalumeau oxhydrique. Sa densité est 2,6; après calcination ou fusion, cette densité s'abaisse à 2,2.

La silice anhydre et amorphe constitue le silex, l'agate, la cornaline, etc.; l'opale est hydratée. Les colorations que présentent ces dernières sont dues à des matières étrangères. Les grès et cailloux, la meulière, sont formés en majeure partie de silice cristallisée ou amorphe. Le tripoli est constitué par des myriades de carapaces siliceuses d'infusoires.

La silice hydratée est faiblement soluble dans l'eau pure : les geysers de l'Islande (*fig.* 133) jettent, à une hauteur qui

Fig. 133. — Geysers.

peut atteindre 50 mètres, de l'eau chaude très chargée de silice. Elle se dissout mieux dans l'eau chargée d'acide carbonique; l'eau des rivières en contient généralement. C'est grâce à cette dissolution que les plantes peuvent prendre dans le sol la silice qui donne de la rigidité à leurs tissus.

210. Propriétés chimiques. — Le quartz et la silice amorphe ne sont attaqués par aucun métalloïde pris isolément; mais si l'on fait passer un courant de chlore sur un mélange de silice et de charbon porté au rouge, on obtient du chlorure de silicium et de l'oxyde de carbone :

$$SiO^2 + 2C + 2Cl = 2CO + SiCl^2.$$

De même, en faisant passer sur ce mélange de la vapeur de soufre ou de sulfure de carbone, on obtient du sulfure de silicium (SiS^2).

Le magnésium et l'aluminium réduisent la silice, et mettent en liberté le silicium.

L'acide fluorhydrique est le seul acide qui attaque la silice : de là l'emploi de cet acide pour graver sur verre (formé de silicates alcalins).

$$SiO^2 + 2HFl = SiFl^2 + 2HO.$$

La silice se dissout assez vite dans les alcalis bouillants; le quartz le fait plus lentement.

Les carbonates alcalins sont décomposés à une haute température par la silice, qui déplace l'acide carbonique. On obtient, par exemple, le silicate de potasse en maintenant au rouge dans un creuset de platine un mélange de carbonate de potasse et de sable ou de cailloux pilés; ce silicate, connu sous le nom de *liqueur des cailloux*, est utilisé pour durcir les pierres calcaires; le carbonate de chaux recouvert d'un badigeon au silicate forme du silicate de chaux insoluble, qui protège la pierre tendre contre les intempéries. On l'emploie également pour isoler la silice pure.

211. Préparation. — On verse de l'acide chlorhydrique dans une dissolution de silicate de soude ou de potasse; la silice se précipite en flocons gélatineux, hydratée et soluble dans l'eau acidulée. Ce produit calciné devient anhydre et insoluble; on le lave et on le sèche. On obtient ainsi une poudre blanche, rude au toucher et insipide.

Si l'on verse peu à peu une dissolution étendue de silicate de soude dans l'acide chlorhydrique également étendu auquel on donne un mouvement de rotation rapide au moyen d'un agitateur, on obtient une dissolution très sursaturée, qui se prend subitement en une masse transparente et ferme. Ce pain de silice se contracte par la dessiccation et rappelle le silex ou l'hydrophane, variété naturelle opaque dans l'air et transparente dans l'eau.

CHAPITRE VII

GÉNÉRALITÉS SUR LES MÉTAUX, OXYDES ET SELS

CLASSIFICATION DES CORPS SIMPLES

212. — Les classifications sont de deux sortes : *naturelles* et *méthodiques.*

Les classifications méthodiques ou artificielles consistent à grouper les corps ou les êtres d'après certains caractères plus ou moins importants mais faciles à reconnaître. Telles sont les *flores*, usitées dans les herborisations pour trouver les noms des plantes que l'on examine. L'on conçoit qu'après un pareil groupement il se rencontre dans la même section des corps qui diffèrent par leurs caractères essentiels.

Les classifications naturelles reposent sur l'existence d'un *caractère dominateur*, c'est-à-dire tel que les groupes établis d'après ce caractère ne puissent être détruits par la considération d'aucune propriété importante. Dans chaque *famille naturelle* les subdivisions sont établies d'après un caractère secondaire, etc... Il en résulte que, dans une pareille classification, tout corps ressemble plus à ses voisins qu'à tout autre corps qui se trouve loin de lui.

Il a été impossible jusqu'ici d'établir la classification naturelle des corps simples en général. M. Dumas a donné la classification naturelle des métalloïdes, mais on a dû conserver jusqu'ici la classification méthodique des métaux donnée par Thénard. Le tableau de la page 9 résume ces deux classifications. Nous allons en indiquer sommairement l'esprit.

213. Hydrogène.—L'hydrogène, rangé autrefois parmi

les métalloïdes, mais pour ainsi dire hors cadre, doit prendre place parmi les métaux, malgré le peu de ressemblance qu'on lui trouve à première vue avec eux. Comme l'oxyde de zinc et l'alumine, l'eau peut jouer indifféremment le rôle de base ou d'acide (V. § 13 et 36) ; le zinc et le fer déplacent l'hydrogène de ses combinaisons avec l'oxygène, le chlore, etc. (Voir *préparation de l'hydrogène*), comme ils déplacent le cuivre et l'argent (V. § 10). L'hydrogène peut à son tour déplacer l'argent, le cuivre et même le fer de leurs oxydes (V. § 31). Le rôle chimique de l'hydrogène est donc le même que celui des métaux. Il ne pourra être question de l'analogie physique que lorsque l'on aura étudié suffisamment l'hydrogène liquide ou solide.

214. Métalloïdes. — M. Dumas a distribué les métalloïdes en quatre familles naturelles d'après les combinaisons qu'ils forment avec l'hydrogène.

PREMIÈRE FAMILLE. — FLUOR, CHLORE, BROME, IODE

Ces corps se combinent à l'hydrogène à volumes égaux, sans contraction ; il en résulte des hydracides énergiques, fumant à l'air, très solubles dans l'eau. La chaleur dégagée dans leur combinaison avec l'hydrogène diminue du fluor à l'iode : l'acide iodhydrique est facilement décomposable. L'ordre inverse est observé relativement aux composés oxygénés. Il est à noter que toutes les propriétés du brome sont intermédiaires entre celles du chlore et de l'iode. Les composés analogues de ces quatre corps sont toujours isomorphes.

DEUXIÈME FAMILLE. — OXYGÈNE, SOUFRE, SÉLÉNIUM, TELLURE

Ils se combinent avec le double de leur volume d'hydrogène, avec contraction d'un tiers ; les corps qui en résultent sont des acides faibles.

Les hydracides formés par les trois derniers ont l'odeur que nous connaissons à l'acide sulfhydrique ; ils sont faiblement solubles dans l'eau, et leurs solutions s'altèrent rapidement. Ils sont combustibles et très vénéneux. Les composés oxygénés du sélénium et du tellure ont la plus grande analogie avec ceux du soufre, et se forment dans les mêmes circonstances. Ajoutons que les composés correspondants de ces trois corps sont isomorphes.

Bien que l'oxygène joue en quelque sorte un rôle spécial, nous avons vu que ses composés et ceux du soufre se ressemblent souvent beaucoup.

TROISIÈME FAMILLE. — AZOTE, PHOSPHORE, ARSENIC

Dans les composés AzH^3, PhH^3 et AsH^3, six volumes d'hydrogène sont unis à deux volumes d'azote, ou bien à un volume de phosphore ou d'arsenic, pour former quatre volumes du composé (1). Le premier de ces corps est une base énergique, le deuxième une base faible ; le troisième est indifférent. L'hydrogène phosphoré forme avec l'acide iodhydrique un composé isomorphe de l'iodhydrate d'ammoniaque (AzH^4I - PhH^4I).

Dans les nombreux composés organiques qui renferment AzH^3 (*ammoniaques composées ou amines*), on peut remplacer ce groupement par PhH^3 ou AsH^3, sans changer le caractère du composé (*phosphines, arsines*). Enfin les phosphates et arséniates sont isomorphes. Ajoutons que dans une classification naturelle des corps simples en général, l'antimoine viendrait se placer immédiatement après l'arsenic.

QUATRIÈME FAMILLE. — BORE, SILICIUM, CARBONE

Dans ce dernier groupe, les analogies sont plutôt physiques que chimiques. Cependant chacun de ces trois corps ressemble plus aux deux autres qu'à aucun des précédents. Les siliciures d'hydrogène ont leurs analogues dans les carbures

1. En imaginant, avec M. Deville, que l'azote double de volume en sortant de sa combinaison, on peut donc dire que la contraction est de 3/7.

de même formule ; la silice est comparable à l'acide carbonique, et on lui donne la même formule (SiO^2,-CO^2).

On peut rapprocher du silicium certains métaux qui forment des acides très analogues à la silice : le titane, l'étain, le zirconium, l'osmium.

215. Métaux. — Les métaux sont les corps qui, à l'exclusion des métalloïdes, forment avec l'oxygène au moins un composé basique. A l'état compact, ils conduisent bien la chaleur et l'électricité, et prennent par le polissage un certain éclat. Ces dernières propriétés sont générales, mais non caractéristiques des métaux; ainsi l'arsenic, le sélénium, le tellure et l'iode, ont un éclat presque métallique. Les métaux obtenus à l'état pulvérulent par réduction ou par précipitation chimique (fer, argent, or, éponge de platine) sont au contraire dépourvus de cet éclat; mais on le leur donne en frottant la poudre au fond d'un mortier d'agate, au moyen d'un pilon de même substance.

Thénard a classé les métaux d'après leur action sur l'oxygène et sur l'eau.

La grande majorité des métaux se combinent à l'oxygène directement, à une température convenable. La plupart retiennent, à toute température, au moins une partie de l'oxygène qu'ils ont fixé ; un petit nombre d'oxydes sont décomposables par la chaleur seule en métal et oxygène.

En général, les métaux décomposent l'eau à une certaine température : ils se combinent à l'oxygène, et mettent l'hydrogène en liberté. Cette action est facilitée par la présence d'un acide ou d'une base, suivant la nature de l'oxyde qui peut prendre naissance. Ainsi le zinc décompose l'eau acidulée à la température ordinaire (V. § 33) ; l'oxyde de zinc formé se combine à l'acide sulfurique, par exemple, et l'on peut dire que la chaleur dégagée dans cette union favorise la réaction. De même l'étain décompose l'eau d'une dissolution de potasse bouillante ; il déplace l'hydrogène pour former l'acide stannique (SnO^2); cet acide se combine à l'alcali et forme le stannate de potasse.

On peut d'après ces propriétés former les groupes suivants :

Classe	Groupe	Corps	Famille
MÉTAUX OXYDABLES DANS L'AIR SEC ET DÉCOMPOSANT L'EAU; LEURS OXYDES SONT IRRÉDUCTIBLES PAR LA CHALEUR SEULE	1° S'oxydent facilement dans l'air sec ; décomposent l'eau à basse température.	Potassium, Sodium, Lithium, Cæsium, Rubidium, Thallium	MÉTAUX ALCALINS
	2° Facilement oxydables ; décomposent l'eau au-dessous de 50°.	Calcium, Strontium, Baryum	MÉTAUX ALCALINO-TERREUX
	3° Décomposent l'eau entre 50° et 100°.	Magnésium, Manganèse	MÉTAUX TERREUX
	4° Inoxydables dans l'air sec aux températures de nos fourneaux ; n'ont pas d'action sur l'eau seule, mais la décomposent à froid en présence des bases ou des acides.	Aluminium, Glucinium, Gallium, Zirconium	
	5° Décomposent l'eau au rouge, et à la température ordinaire en présence des acides énergiques.	Fer, Nickel, Cobalt, Chrome, Zinc, Cadmium, Uranium	
	6° Décomposent l'eau au rouge vif, ou vers 100° en présence des alcalis.	Antimoine, Etain, Titane, Tungstène, Osmium	
	7° Ne décomposent l'eau qu'aux plus hautes températures.	Cuivre, Plomb, Bismuth	
MÉTAUX NE DÉCOMPOSANT PAS L'EAU; LEURS OXYDES SONT DÉCOMPOSABLES PAR LA CHALEUR SEULE	8° Oxydables à l'air sec à une température peu élevée ; une température plus élevée détruit les oxydes formés.	Mercure, Palladium, Rhodium, Ruthénium	
	9° Inaltérables à toutes les températures.	Argent, Or, Platine, Iridium	

PROPRIÉTÉS GÉNÉRALES DES MÉTAUX

216. Propriétés physiques. *Fusibilité.* — A part l'hydrogène et le mercure, tous les métaux sont solides à la température ordinaire. Tous ont été fondus, et les plus réfractaires se volatilisent dans la flamme du chalumeau oxhydrique. Ils sont susceptibles de cristalliser; la plupart prennent la forme cubique; l'antimoine, le bismuth, le zinc, le magnésium cristallisent en rhomboèdres.

DENSITÉ		POINT DE FUSION		CONDUCTIBILITÉ ÉLECTRIQUE	
Iridium	22,3	Mercure	—39°	Argent recuit	1000
Platine	21,5	Potassium	62°	Cuivre recuit	940
Or	19,3	Sodium	95°	Or recuit	730
Mercure	13,6	Lithium	180°	Zinc	270
Plomb	11,35	Etain	228°	Laiton	215
Argent	10,44	Bismuth	264°	Platine	166
Bismuth	9,8	Plomb	335°	Fer	155
Nickel, Cuivre	8,8	Zinc	410°	Étain	120
Fer	7,8	Aluminium	750°	Plomb	76
Etain	7,24	Argent	1000°	Bismuth	12
Zinc	6,86	Cuivre	1100°		
Aluminium	2,56	Or	1250°		
Sodium	0,97	Fer doux...env.	1500°		
Potassium	0,86	Nickel	1500°		
Lithium	0,59	Platine	1800°		
		Iridium	2300°		

Couleur. — La lumière, après plusieurs réflexions sur le même métal, se colore de plus en plus; dans ces conditions, l'argent paraît jaune, le zinc bleu indigo, le fer violet, l'or rouge, et le cuivre rouge écarlate. Cette coloration est due à l'absorption partielle de la lumière par le métal, absorption qui porte inégalement sur les rayons diversement colorés dont se compose la lumière blanche. Après une seule réflexion la coloration est généralement peu sensible, parce que les rayons colorés sont pour ainsi dire noyés dans une grande quantité de lumière blanche.

En général, les métaux sont opaques; cependant, sous une épaisseur suffisamment faible, ils peuvent se laisser traverser par la lumière: une feuille d'or battu, collée sur verre, laisse passer de la lumière verte; l'argent déposé chimiquement sur verre paraît bleu par transparence.

Remarquons que la lumière réfléchie et la lumière transmise sont complémentaires.

Densité. — La densité des métaux est très variée. Les métaux alcalins flottent sur l'eau; la densité des métaux communs varie de 7 à 11, celle du platine s'élève à 21,5.

Malléabilité. — Un corps est malléable lorsqu'il s'étend, sans se briser, sous le choc du marteau, ou sous l'influence d'une forte pression que l'on détermine au moyen du laminoir (*fig.* 134).

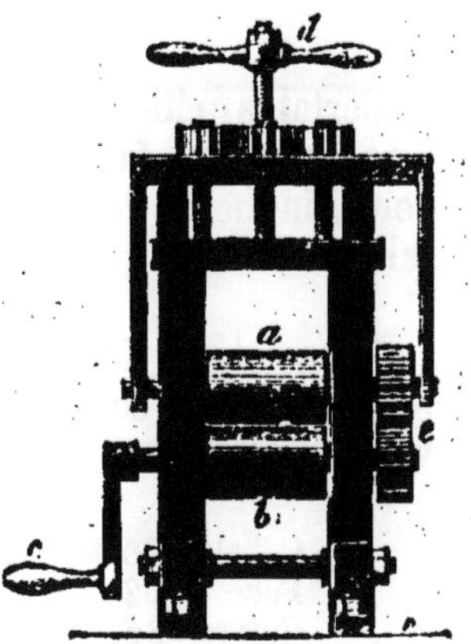

Fig. 134. — Laminoir.

On peut juger de la malléabilité par la minceur des feuilles que l'on peut obtenir par le laminage ou le battage.

Les feuilles d'or battu que l'on emploie pour la dorure sont si minces qu'il en faut mettre 25000 les unes sur les autres pour former une épaisseur d'un millimètre; les feuilles d'argent battu sont environ cinq fois plus épaisses.

Certains métaux s'*écrouissent* sous le marteau; pour éviter qu'ils ne se cassent ou se déchirent, on les recuit, c'est-à-dire qu'on les porte à une température plus ou moins élevée pour les laisser ensuite se refroidir lentement.

Le bismuth et l'antimoine se pulvérisent sous le marteau.

Ductilité. — La ductilité exprime la plus ou moins grande facilité avec laquelle les métaux peuvent être obtenus en fils fins. A cet effet, on fait passer successivement le fil métallique dans des trous de plus en plus petits percés dans une plaque épaisse d'acier, nommée *filière* (*fig.* 135).

Fig. 135. — Filière.

Certains métaux, comme le plomb, quoique très malléables, ne s'étirent pas facilement à la filière, parce qu'ils se rompent sous l'influence de la traction que l'on exerce sur eux pour les faire passer.

Ténacité. — La ténacité se mesure par le poids que peut supporter sans se rompre un fil d'un millimètre carré de section. On a trouvé par exemple les nombres suivants :

Cobalt	108^{Kgr}	Platine	31^{Kgr}	Zinc	12^{Kgr}
Fer	62	Argent	21	Etain	4
Cuivre	34	Or	16	Plomb	2,4

Dureté. — Le plus dur des métaux est le chrome, qui raye le verre.

Le fer, le nickel, le cobalt, l'antimoine, le zinc sont rayés par le verre. Ils rayent le spath d'Islande (carbonate de chaux cristallisé en rhomboèdres.)

Le platine, le cuivre, l'or, l'argent, le bismuth, l'étain sont rayés par le spath.

Le plomb est rayé par l'ongle ; le potassium et le sodium se pétrissent entre les doigts.

Conductibilité. — L'argent, le cuivre et l'or conduisent très bien la chaleur et l'électricité ; les autres métaux sont bien moins conducteurs, particulièrement le fer, le plomb et le platine. L'ordre de conductibilité des métaux est à peu près le même pour la chaleur et l'électricité, et un grand nombre de coefficients sont presque identiques pour les deux phénomènes.

Chaleur spécifique. — Le produit de la chaleur spécifique des métaux par leur équivalent chimique est sensiblement constant et égal à 3,2 (loi de Dulong et Petit). — Pour l'argent et le potassium, ce produit à une valeur à peu près double.

217. Propriétés chimiques. — L'action de l'oxygène sur les métaux nous a servi à les grouper.

Quoique les métaux usuels ne s'oxydent à l'air qu'à une température élevée, nous voyons s'altérer dans l'air ordinaire le fer, le zinc, le cuivre, le plomb. Dans ces divers cas interviennent la vapeur d'eau et l'acide carbonique de l'atmosphère, qui forment avec ces métaux et l'oxygène des hydro-carbonates.

Avec le zinc, le cuivre et le plomb, l'altération cesse bientôt; car leurs carbonates forment un enduit imperméable qui met le métal à l'abri du contact de l'air.

Le fer, au contraire, se corrode rapidement. Le carbonate de protoxyde, qui s'est formé d'abord, se convertit sous l'action de l'oxygène en sesquioxyde hydraté (rouille) ; l'acide carbonique mis en liberté se porte sur une nouvelle quantité de fer, en même temps que l'oxygène, qui traverse aisément la couche poreuse d'oxyde. Une certaine quantité d'oxygène provient de la décomposition de l'eau, dont l'hydrogène forme de l'ammoniaque avec l'azote dissous dans cette eau.

Pour prévenir l'altération du fer, on le recouvre de corps gras, de vernis ou de peinture, ou mieux d'un autre métal tel que le zinc ou l'étain.

Recouvert de zinc par immersion dans un bain de ce métal en fusion, le fer *galvanisé* est absolument inaltérable à l'air. Si le fer est mis à nu en un point, il tend à se former un couple voltaïque, dans lequel l'élément attaquable est le zinc : celui-ci est protégé par la couche d'hydrocarbonate de zinc qui se forme tout d'abord.

Le fer étamé ou fer blanc reste intact tant que la couche d'étain est continue ; mais si le fer est mis à nu, il se forme un couple dans lequel l'élément attaquable est le fer ; dès lors l'altération est plus rapide qu'en l'absence du métal protecteur.

Tous les métaux sauf l'or, le platine et l'aluminium, se combinent au soufre à une température élevée (V. §95). Le fer s'y combine à la température ordinaire en présence de l'eau (volcan de Lémeri).

Tous les métaux se combinent au chlore. Le platine, chauffé à 250° dans un courant de ce gaz, se transforme en sous-chlorure ; l'or est dissous par l'eau de chlore (V. § 119).

Nous avons vu déjà l'action des divers acides sur les métaux.

218. Alliages. — Les métaux forment entre eux de véritables combinaisons que l'on appelle des alliages. Si l'on fond ensemble plusieurs métaux dont les poids sont en rapport simple avec leurs équivalents, on obtient des alliages bien définis et cristallisés. La combinaison a souvent lieu avec un grand dégagement de chaleur, quelquefois avec incandescence.

Les propriétés des alliages sont assez souvent intermédiaires entre celles des métaux qui les composent ; mais il y a de nombreuses exceptions. Ainsi l'alliage de Darcet, formé de bismuth, de plomb et d'étain, fond à 94°, tandis que le plus fusible des métaux qui le forment, l'étain, ne fond qu'à 228°. La densité de l'alliage n'est pas généralement celle que l'on obtient en appliquant la règle des mélanges.

Le bronze d'aluminium est plus tenace que le cuivre et l'aluminium qui le composent.

L'alliage à poids égaux de fer et d'aluminium ($FeAl^3$) est inoxydable. Au contraire, les alliages d'étain et de plomb, d'antimoine et de potassium brûlent facilement ; il faut l'attribuer à ce que l'un des métaux produit un oxyde acide, et l'autre un oxyde basique, dont la combinaison favorise l'oxydation par la chaleur qu'elle dégage.

L'alliage de Cooke ($SbZn^3$) décompose l'eau à 100°, quoique ses éléments ne la décomposent qu'aux températures très élevées.

Dans la pratique, on cherche à développer dans les alliages certaines propriétés, par l'union des métaux dans des proportions convenables. Les alliages industriels sont donc des mélanges empiriques dans lesquels certains alliages définis se trouvent dissous dans un excès de l'un des métaux. Aussi arriverait-il que le bronze des canons, par exemple, ne serait pas homogène, et ne présenterait en certains points qu'une résistance insuffisante, si l'on ne superposait au moule un vaste récipient que l'on remplit également de l'alliage : pressé par cette *masselotte*, l'alliage conserve plus d'homogénéité. Lorsque l'on chauffe progressivement un alliage industriel, on voit s'écouler d'abord un alliage défini plus fusible que le reste de la masse ; ce phénomène porte le nom de *liquation*.

En général, le mercure, le bismuth et l'étain donnent de la fusibilité aux alliages. L'étain, le plomb et le fer leur donnent de la dureté. L'antimoine, ainsi que l'arsenic et le soufre, les rendent cassants.

TABLEAU DES PRINCIPAUX ALLIAGES.

Monnaies d'or....	Or......... 900 Cuivre 100	Bronze des canons..	Cuivre.... 90 Etain..... 10
Vaisselle et médailles..........	Or......... 916 Cuivre 84	Bronze des tamtams et cymbales.	Cuivre ... 80 Etain..... 20
Bijouterie d'or...	Or......... 750 Cuivre..... 250	Bronze des miroirs de télescopes.....	Cuivre.... 67 Etain..... 33
Monnaies d'argent (pièces de 5 fr.).	Argent .... 900 Cuivre..... 100	Laiton............	Cuivre.... 67 Zinc...... 33
Monnaies d'argent (pièces de 2 fr., 1 fr. 50 c., 20 c.)	Argent .... 835 Cuivre..... 165	Maillechort.......	Cuivre.... 50 Zinc...... 25 Nickel.... 25
Vaisselle et médailles d'argent..	Argent.... 950 Cuivre..... 50	Métal anglais.....	Etain..... 87 Antimoine 8 Bismuth.. 1 Cuivre.... 4
Bijouterie d'argent...........	Argent.... 800 Cuivre..... 200	Caractères d'imprimerie............	Plomb.... 80 Antimoine 20
Bronze des monnaies et des médailles..........	Cuivre..... 95 Etain....... 4 Zinc....... 1	Mesures d'étain (litre, décil., etc.).	Plomb.... 18 Etain..... 82
Bronze d'aluminium..........	Aluminium.. 10 Cuivre..... 90		

219. État naturel et extraction des principaux métaux. — L'or, le platine et les métaux du même groupe se trouvent uniquement à l'état natif. L'argent, le mercure, le cuivre, le bismuth se trouvent aussi quelquefois à l'état natif, mais le plus souvent en combinaison. Les métaux des autres groupes se trouvent à l'état d'oxydes, sulfures, chlorures, carbonates, sulfates, silicates, etc.... Le fer se rencontre, mais bien rarement, en masses isolées assez considérables; on attribue à ces blocs une origine météorique.

Les métaux précieux se trouvent quelquefois en *pépites* pesant plusieurs kilogrammes, mais ordinairement à l'état de poussière très fine, que l'on sépare du sable et autres matières étrangères par un lavage convenable; le métal reste dans l'appareil, tandis que les matières terreuses bien plus légères sont entraînées.

Les minerais des autres métaux sont traités d'une manière analogue après avoir été triés puis bocardés, c'est-à-dire réduits en poussière ou en menus fragments. Viennent ensuite les opérations qui constituent la métallurgie.

Les oxydes et les carbonates sont réduits par le charbon (148). Les sulfures sont en général *grillés* dans un courant d'air et transformés en oxydes que l'on traite ensuite par le charbon. Exemple :

$$ZnS + 3O = ZnO + SO^2$$
$$ZnO + C = Zn + CO.$$

Le grillage du sulfure de mercure donne immédiatement le métal, car son oxyde est décomposable par la chaleur seule :

$$HgS + 2O = Hg + SO^2.$$

OXYDES MÉTALLIQUES

220. Propriétés physiques. — Tous les oxydes métalliques sont solides, plus lourds que l'eau. La plupart sont amorphes et sans éclat ; cependant quelques oxydes de fer et de manganèse cristallisés ont un aspect métallique.

Leur couleur est très variée ; un grand nombre sont blancs, comme la potasse, la chaux, la magnésie, l'alumine, l'oxyde de zinc ; le sesquioxyde de fer est jaune ou rouge, suivant qu'il est ou non hydraté ; le minium est orangé ; le sesquioxyde de chrome est vert. L'oxyde de mercure obtenu par la calcination de l'azotate de mercure est rouge ; celui que l'on obtient en traitant la solution de ce même sel par la potasse est jaune. L'oxyde de cuivre obtenu par le grillage du métal en présence de l'air ou par la calcination de l'azotate est noir ; celui que l'on obtient en traitant un sel de ce métal en dissolution par la potasse est bleu pâle : il est alors hydraté.

Les oxydes conduisent mal la chaleur et l'électricité. Un assez grand nombre perdent, sous l'action de la chaleur, une partie de leur oxygène ; les oxydes des métaux précieux sont seuls complètement décomposables par la chaleur.

Parmi ceux que la chaleur n'altère point, il en est qui fondent facilement, comme le protoxyde de plomb; l'alumine, la baryte ne fondent que dans la flamme du chalumeau; la chaux et la magnésie n'ont pas été fondues. Quelques oxydes sont volatils, par exemple : l'oxyde d'antimoine et l'acide osmique.

La potasse et la soude sont très solubles dans l'eau; la chaux, la baryte et la strontiane sont peu solubles; les autres oxydes sont insolubles.

221. Propriétés chimiques. — Chauffés au contact de l'air ou de l'oxygène, certains oxydes peuvent s'assimiler une nouvelle quantité d'oxygène; le protoxyde d'étain, par exemple, brûle quand on le chauffe en présence de l'air, et se transforme en bioxyde. C'est ainsi que l'on transforme la baryte (BaO) en bioxyde de baryum (BaO^2), la litharge (PbO) en minium (Pb^3O^4). Une température élevée produit ordinairement la transformation inverse. Rappelons que le bioxyde de manganèse se transforme au rouge vif en oxyde brun (Mn^3O^4) avec dégagement d'oxygène (V. § 26), même en présence d'une atmosphère de ce gaz.

L'hydrogène réduit un grand nombre d'oxydes métalliques; il leur enlève l'oxygène avec lequel il forme de l'eau (V. § 31); la réduction est très facile pour l'oxyde d'argent et difficile, au contraire, pour l'oxyde de zinc (1).

Le charbon réduit aussi la plupart des oxydes; il décompose même la potasse et la soude.

Le chlore et le soufre décomposent les oxydes, sauf l'alumine, mais non pour mettre le métal en liberté. Le chlore produit des chlorures, avec dégagement d'oxygène. Le soufre forme des sulfures, en même temps que des sulfates si ces

1. Ce dernier métal en se combinant à l'oxygène dégage beaucoup de chaleur; il en résulte qu'il faudra, pour l'en séparer, dépenser beaucoup d'énergie et opérer à une température élevée. Le cuivre et l'argent dégagent en se combinant à l'oxygène beaucoup moins de chaleur que l'hydrogène; le déplacement de ces métaux par l'hydrogène a donc lieu avec dégagement de chaleur.

derniers peuvent résister à la température de la réaction. C'est ainsi que l'on prépare le sulfure de baryum :

$$4BaO + 4S = 3BaS + BaO,SO^3.$$

L'alumine est décomposée par l'action simultanée du chlore et du charbon au rouge blanc : le chlore se combine au métal, et le carbone à l'oxygène :

$$Al^2O^3 + 3C + 3Cl = 3CO + Al^2Cl^3.$$

222. Préparation. — Les oxydes de zinc, de plomb, de cuivre, d'étain, se préparent fréquemment par oxydation directe du métal au contact de l'air.

D'autres fois, on décompose par la chaleur les azotates ou les carbonates : ainsi l'on obtient la chaux en calcinant la craie dans des fours (*fig.* 136) où l'on dispose des lits alternes de craie et de charbon. Ce procédé n'est pas applicable aux oxydes décomposables par la chaleur, ni aux alcalis, dont les carbonates ne sont pas décomposables par la chaleur.

Fig. 136. — Four à chaux.

On obtient la potasse et la soude en faisant bouillir la dissolution de leurs carbonates avec de la chaux : il se forme du carbonate de chaux, et l'alcali reste en dissolution.

Enfin la plupart des oxydes peuvent être obtenus par l'action de la potasse sur les solutions salines correspondantes (V. 228).

223. Classification. — On a groupé les oxydes en cinq classes :

1° les oxydes *basiques*, qui jouent toujours le rôle de base dans les sels qu'ils forment ; exemples : potasse, chaux, et en général les protoxydes ;

2° les oxydes *acides*, jouant toujours le rôle d'acide, c'est-à-dire allant toujours au pôle positif dans l'électrolyse ; exemples : acides manganique (MnO^3), chromique (CrO^3), plombique (PbO^2), stannique (SnO^2) ;

3° les oxydes *indifférents* ; ils ont tantôt le rôle de base, tantôt celui d'acide ; exemples : le protoxyde de zinc et en général les sesquioxydes.

4° Les oxydes *salins* ne se combinent ni aux acides ni aux bases ; on peut les considérer comme formés eux-mêmes d'une base et d'un acide ou d'un oxyde indifférent. Par ex. : le minium ($Pb^3O^4 = 2PbO,PbO^2$), l'oxyde magnétique de fer ($Fe^3O^4 = FeO,Fe^2O^3$), l'oxyde brun de manganèse, etc.

5° Les oxydes *singuliers* se décomposent lorsqu'on les traite par les acides ou par les bases, et se transforment en oxydes salifiables. Le bioxyde de manganèse, par exemple, traité par l'acide sulfurique, donne du sulfate de protoxyde de manganèse et de l'oxygène ; traité par la potasse au rouge, il forme le manganate et le manganite de potasse :

$$3\,MnO^2 = MnO^3 + Mn^2O^3.$$

224. Sulfures et chlorures. — Nous nous contenterons d'ajouter aux faits cités au cours de notre étude que les sulfures et chlorures peuvent être classés comme les oxydes en cinq catégories, et que deux sulfures ou deux chlorures forment par leur union de véritables sels que l'on nomme *sulfo-sels* et *chloro-sels*.

Les sulfures sont insolubles dans l'eau, à l'exception des sulfures alcalins et alcalino-terreux. Les chlorures sont au contraire solubles, sauf le chlorure d'argent et le sous-chlorure de mercure ; le chlorure de plomb est peu soluble.

SELS

225. Sels neutres. — Un sel est un composé bien défini, généralement ternaire, formé de deux oxydes, ou en général de deux composés binaires (sulfures, chlorures, etc.)

Il convient de définir d'abord ce que l'on entend par un *sel neutre*.

Prenons deux verres contenant : l'un une dissolution de potasse, et l'autre de l'acide sulfurique étendu. Un papier de tournesol bleu plongé dans ce dernier rougit fortement, tandis qu'un papier semblable, préalablement rougi par un acide, bleuit immédiatement dans le premier verre. Versons peu à peu la solution acide dans la potasse ; il arrivera un moment où un papier de tournesol rouge ou bleu, plongé dans le mélange, gardera sa couleur. Nous dirons alors que l'acide et l'alcali se sont mutuellement neutralisés : le sulfate de potasse formé est *neutre au tournesol*.

Il sera aisé de former ainsi un certain nombre de sels neutres, tels que les azotates de soude et de chaux, etc. ; mais il sera impossible de neutraliser l'acide sulfurique au moyen d'oxyde de zinc ou de cuivre ; les sulfates de ces métaux rougissent toujours le tournesol. Il sera également impossible de neutraliser la potasse par l'acide carbonique ; quelle que soit sa teneur en acide, le carbonate formé bleuit le tournesol.

On est convenu, d'après Berzélius, d'appeler *sulfates neutres* tous ceux qui, comme le sulfate de potasse, contiennent trois fois plus d'oxygène dans l'acide que dans la base, — *carbonates neutres* ceux qui, comme les carbonates naturels de chaux, de fer, etc., contiennent deux fois plus d'oxygène dans l'acide que dans la base. On a adopté de même pour les azotates, phosphates, arséniates et chlorates, le rapport de 5 à 1, — pour les sulfites, ainsi que les silicates, le rapport de 2 à 1, etc. (1).

Dans un grand nombre de cas, l'eau peut remplacer une partie de la base ou de l'acide d'un sel. Ainsi sont constitués les sels *acides* et les sels *basiques*, comme le bisulfate de potasse ($KO,HO,2SO^3$), et l'hydrocarbonate de cuivre ($2CuO,HO,CO^2$).

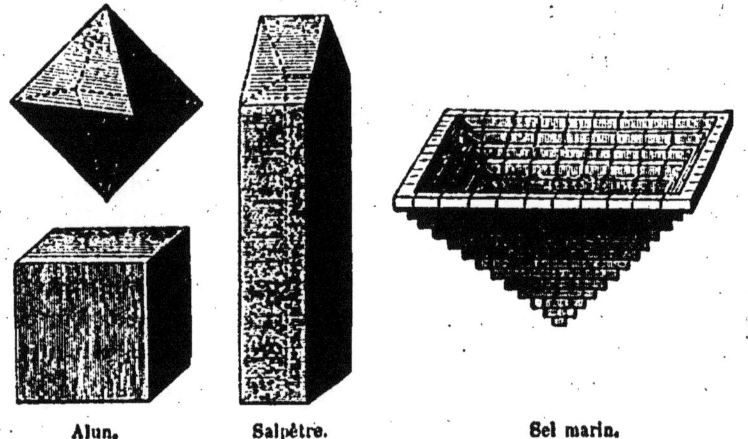

Alun. Salpêtre. Sel marin.

Fig. 137. — Cristaux divers.

226. Propriétés physiques. — Les sels sont des solides plus lourds que l'eau, susceptibles de cristalliser (*fig.* 137 et 138). Ils sont inodores, à l'exception de certains sels d'ammoniaque.

1. Il faut remarquer que ces conventions n'ont rien de contraire à l'idée que l'on peut se faire de la saturation d'un acide par une base. Ainsi l'acide sulfurique du sulfate neutre de cuivre ne pourrait se combiner à une quantité quelconque d'un autre oxyde qu'à la condition d'abandonner une partie de l'oxyde de cuivre qui le *sature*. Ce qui est plus défectueux à certains égards, c'est d'exprimer la neutralité par l'action d'un réactif aussi complexe que le tournesol, qui se comporte de manières très diverses suivant qu'il est en présence d'acides ou de bases énergiques ou faibles.

Leur saveur (lorsqu'ils sont solubles dans l'eau), est à peu près déterminée par leur base. Ainsi, les sels de soude sont salés ; les sels de magnésie sont amers ; les sels de plomb sont sucrés. Les autres sels métalliques ont une saveur plus ou moins astringente et désagréable, dite *saveur métallique*.

Alun de chrome.

Fig. 136. — Groupements de cristaux.

La couleur d'un sel est quelquefois déterminée par son acide ; ainsi les chromates sont jaunes ou rouges, les manganates sont verts, etc... Elle dépend aussi de la base, si le sel est hydraté. Ainsi les sels de protoxyde de fer sont verts;

les sels de protoxyde de cuivre sont bleus; les sels de protoxyde d'or sont jaune clair. Les sels anhydres sont généralement blancs.

Action de l'eau. — Le plus grand nombre des sels sont solubles dans l'eau; tous les azotates neutres sont solubles; il en est de même des sulfates, sauf ceux de baryte et de plomb. Les phosphates neutres, les carbonates, silicates et borates sont au contraire insolubles, à l'exception de ceux qui sont formés par les alcalis.

La quantité de sel que peut dissoudre un litre d'eau est très variable avec la nature du sel; elle dépend aussi de la température. Ordinairement la solubilité est plus grande à chaud qu'à froid; ainsi l'azotate de potasse (salpêtre) est vingt fois plus soluble dans l'eau bouillante que dans l'eau à 0°. Cependant le sel marin est à peu près aussi soluble à 100° qu'à 0°; le sulfate de chaux est même plus soluble à froid qu'à chaud.

Quelques sels présentent une particularité très remarquable, le *maximum de solubilité.* Ainsi, le sulfate de soude présente ce maximum vers 32°, où il est dix fois plus soluble qu'à 0°. On peut représenter ces résultats au moyen de courbes de solubilité dont nous donnons ci-joint des exemples (*fig.* 139).

Les solutions salines présentent un phénomène très curieux connu sous le nom de *sursaturation,* que l'on étudie en physique.

Un grand nombre de sels, lorsqu'ils cristallisent, soit par refroidissement de leur solution concentrée à chaud, soit par évaporation du dissolvant, retiennent une certaine quantité d'eau. Ainsi, le sulfate de magnésie cristallise avec 7 équivalents d'eau à la température ordinaire; il en prend 12 au-dessous de 0°. Il faut distinguer de cette *eau de cristallisation,* que l'on peut enlever au sel sans changer ses propriétés, *l'eau de constitution* dont nous avons parlé au sujet des phosphates. Enfin bon nombre de substances anhydres, comme le sel marin, contiennent entre leurs lamelles une quantité d'eau variable, *mécaniquement interposée,* sans importance chimique, et que l'on évite en agitant la dissolution pendant la cristallisation ; il ne se forme pas alors de gros cristaux. C'est cette eau qui produit la *décrépitation* du sel marin et de l'azotate de plomb fortement chauffés.

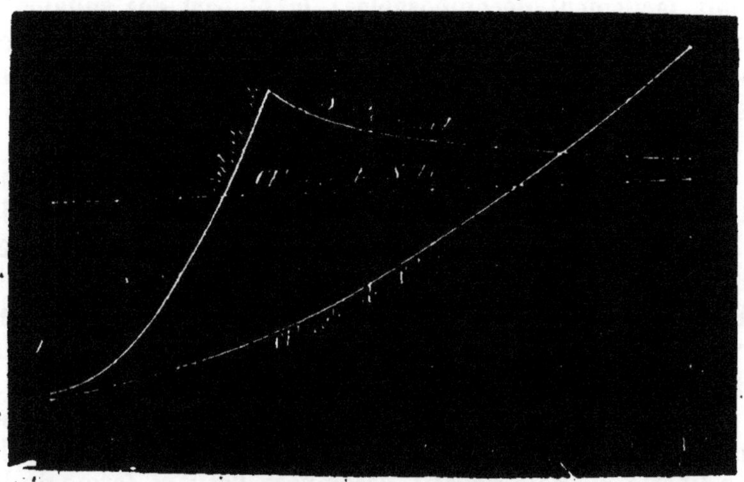

Fig. 139. — Courbes de solubilité.

Un certain nombre de sels hydratés tombent en poussière lorsqu'on les expose à l'air ; on dit qu'ils sont *efflorescents* : tels sont le sulfate et le carbonate de soude. C'est là un phénomène de dissociation ; un sel s'effleurit lorsque la tension de la vapeur d'eau qu'il peut émettre, à une température donnée, est supérieure à la tension de la vapeur d'eau atmosphérique.

D'autres sels, au contraire, exposés à l'air, en absorbent l'humidité et se dissolvent dans cette eau ; on dit qu'ils sont *déliquescents ;* tels sont l'azotate de chaux et le chlorure de calcium.

Action de la chaleur. — Quand on les chauffe progressivement, les sels hydratés perdent leur eau ; les uns, comme les phosphates de soude, fondent dans leur eau de cristallisation : ce phénomène porte le nom de *fusion aqueuse;*

d'autres, comme le sulfate de chaux (gypse), conservent leur forme en perdant leur eau.

Les sels dont l'acide ou la base sont volatils se décomposent sous l'influence de la chaleur; tels sont le carbonate de chaux et le phosphate d'ammoniaque. Les azotates sont tous facilement décomposables; la plupart des sulfates le sont au rouge. Il y a exception pour les sulfates et carbonates alcalins, ainsi que pour les phosphates, borates et silicates.

Action de l'électricité. — Tous les sels sont décomposables par le courant électrique. La galvanoplastie utilise la décomposition du sulfate de cuivre; l'acide sulfurique et l'oxygène se portent au pôle positif, le métal au pôle négatif. Pour la dorure et l'argenture galvaniques, on emploie les cyanures doubles d'or ou d'argent et de potassium, qui sont de véritables sels (procédé Elkington et Ruolz).

Lorsqu'on décompose un sel alcalin par la pile, le phénomène se complique un peu; le potassium, par exemple, mis en liberté au pôle négatif, décompose l'eau et forme de la potasse avec dégagement d'hydrogène. Si l'on ajoute à la dissolution un peu de sirop de violettes, on le voit se colorer en rouge au pôle positif et en vert au pôle négatif. Si dans cette expérience, on prend le mercure pour l'électrode négative (*fig.* 140), cette action secondaire cesse de se produire; le potassium mis en liberté se dissout dans le mercure; il sera facile de le séparer de ce dernier métal par distillation dans un gaz inerte.

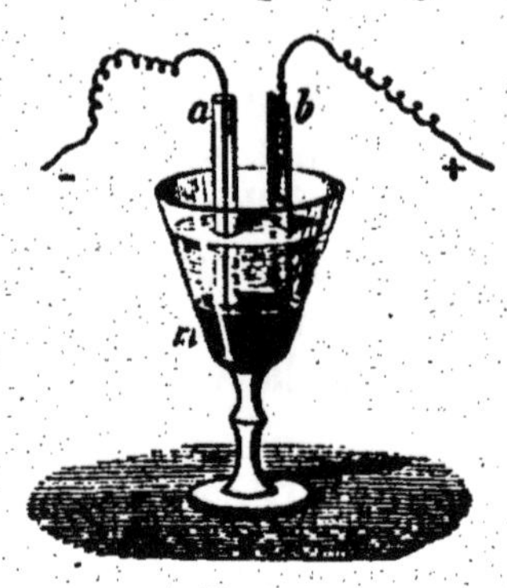

Fig. 140.

Faraday a constaté que si un même courant traverse plusieurs solutions salines. il décompose des poids équivalents des divers sels.

227. Action des métaux. — Nous avons vu (§ 10) qu'une lame de cuivre plongée dans une dissolution d'azotate d'argent décompose ce sel; le cuivre prend la place de l'argent, et celui-ci se dépose sous forme de flocons noirs. De même si dans une solution de sulfate de cuivre on plonge une lame de fer bien nettoyée, celle-ci se recouvre immédiatement d'un dépôt rouge de cuivre; la dissolution, qui était bleue, devient verte si l'on prolonge suffisamment l'expérience; il s'est donc formé du sulfate de fer.

Dans une dissolution très étendue d'acétate de plomb (*fig.* 141) on plonge une lame de zinc prolongée par des fils de laiton. Le plomb déplacé par le zinc se dépose à l'état cristallin sur les fils de laiton : on obtient ainsi l'*arbre de Saturne*.

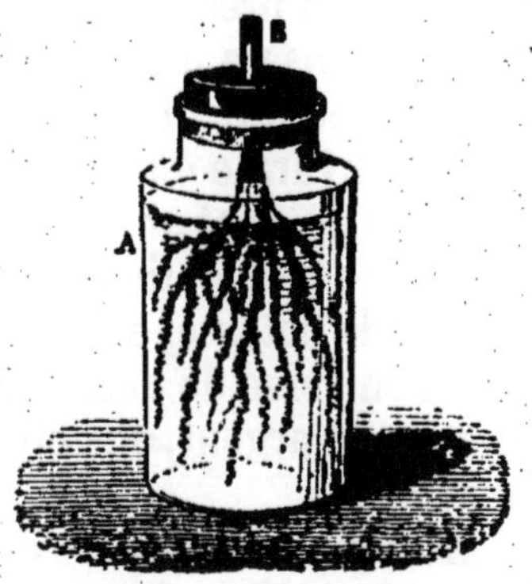

Fig. 141. — Arbre de Saturne.

Si l'on met quelques gouttes de mercure dans une dissolution d'azotate d'argent, on voit bientôt se développer des aiguilles d'amalgame d'argent qui s'enchevêtrent, et forment l'*arbre de Diane:* l'argent déplacé par le mercure s'est combiné à celui-ci.

En général un métal est déplacé par ceux qui le précèdent dans la classification de Thénard.

228. Lois de Berthollet. — Berthollet a étudié les actions réciproques des sels, particulièrement en dissolution dans l'eau, ainsi que l'action des acides et des bases sur ces mêmes sels. Ses observations peuvent se résumer dans un énoncé unique, à la condition d'assimiler les acides hydratés à des sels dont l'eau est la base, et les bases alcalines à des sels dont l'acide est représenté par l'eau.

Toutes les fois que l'on met en présence deux sels qui, par l'échange mutuel de leurs acides et de leurs bases, peuvent former un composé insoluble ou volatil dans les circonstances où l'on opère, la double décomposition est complète.

Rappelons ici quelques réactions que peut faire prévoir la loi de Berthollet.

1° *Deux sels.* — Mélangeons deux dissolutions de sulfate de soude et d'azotate de baryte ; il se forme de l'azotate de soude et un précipité de sulfate de baryte (insoluble).

Chauffons un mélange de sulfate d'ammoniaque et de chlorure de sodium : il reste du sulfate de soude, et il se dégage du chlorhydrate d'ammoniaque (volatil).

2° *Un acide et un sel.* — Si l'on verse de l'acide sulfurique dans une dissolution de silicate de potasse, il se forme du sulfate de potasse, et l'acide silicique (insoluble) se précipite.

Si l'on verse de l'acide chlorhydrique dans une dissolution d'azotate d'argent, on obtient un précipité de chlorure d'argent (insoluble).

Traitons le carbonate de soude par l'acide sulfurique : il se forme du sulfate de soude, et l'acide carbonique se dégage (volatil).

3° *Une base et un sel.* — Si dans une dissolution d'un sel quelconque (à l'exception des sels alcalins) on verse de la potasse, on voit se précipiter l'oxyde métallique insoluble qui forme la base du sel.

Si l'on ajoute de la chaux à une dissolution bouillante de carbonate de potasse, il se forme du carbonate de chaux (insoluble) et la potasse est mise en liberté. (V. 222.)

Lorsqu'on chauffe du chlorhydrate d'ammoniaque avec de la chaux vive, le gaz ammoniac se dégage, et il reste du chlorure de calcium.

Les lois de Berthollet, très utiles dans un grand nombre de cas, ont l'inconvénient de n'être pas assez générales. On peut souvent y suppléer par certaines remarques. Ainsi quoiqu'il ne puisse se former aucun composé insoluble ni volatil quand on met en présence certains sels, il arrive que la réaction est déterminée par le plus ou moins de volatilité ou de solubilité des divers composés qui peuvent se former dans les circonstances où l'on opère. Il arrive aussi fréquemment que l'acide le plus fort et la base la plus énergique tendent à se combiner. M. Berthelot a pu établir sur de nombreuses expériences une règle très générale, sinon universelle, qu'il appelle le principe du *travail maximum : Quand plusieurs corps se trouvent en présence, les réactions qui prennent naissance sont toujours celles qui développent la plus grande quantité de chaleur.*

PRINCIPAUX GENRES DE SELS

229. I. *Carbonates.* — Les carbonates sont généralement insolubles dans l'eau : il n'y a d'exception que pour les carbonates alcalins ; le carbonate de chaux est légèrement soluble dans l'eau chargée d'acide carbonique. Tous les carbonates solubles ramènent au bleu la teinture de tournesol rougie par un acide. Ils sont inodores, à l'exception du carbonate d'ammoniaque.

La chaleur décompose tous les carbonates à l'exception des carbonates alcalins : l'acide carbonique est mis en liberté ; c'est ce qui se produit aussi sous l'action des acides : il y a effervescence.

Le charbon réduit les carbonates et met, en général, le métal en liberté : il se dégage de l'acide carbonique ou de l'oxyde de carbone, suivant que la réduction est plus ou moins facile.

$$2\,(CuO,CO^2) + C = 2\,Cu + 3CO^2$$
$$KO,CO^2 + 2\,C = K + 3\,CO.$$

Le carbonate de baryte et quelques autres ne donnent par cette voie que l'oxyde, et non le métal

$$BaO,CO^2 + C = BaO + 2CO.$$

II. *Sulfates.* — Les sulfates sont des corps solides, solubles dans l'eau, à l'exception des sulfates de baryte et de plomb ; ceux de strontiane, de chaux, d'argent et d'oxydule de mercure sont très peu solubles.

Ils sont difficilement décomposables par la chaleur, particulièrement les sulfates alcalins. Dans ce dernier cas, il se dégage de l'acide sulfureux et de l'oxygène; la décomposition du sulfate d'argent a lieu à une température moins élevée, et donne de l'acide sulfurique anhydre.

Le charbon les décompose aux températures élevées; les produits de ces réactions sont très variables. Le sulfate de potasse donne le sulfure de potassium, qui, divisé au milieu d'un excès de charbon, constitue le pyrophore de Gay-Lussac.

$$KO,SO^3 + 4C = KS + 4CO.$$

III. *Azotates.* — Les azotates sont solubles dans l'eau et cristallisent facilement, les uns anhydres (azotates de potasse, de soude, de baryte, de plomb, d'argent), les autres plus ou moins hydratés suivant la température.

Les azotates sont décomposables par la chaleur. Les azotates de mercure, de cuivre, etc., laissent comme résidu l'oxyde; les azotates alcalins donnent aussi les oxydes à une très haute température; en chauffant moins fort, on obtient les azotites alcalins.

Parmi les actions remarquables, citons celles du charbon et du soufre sur les azotates alcalins. Le charbon agissant, par exemple, sur le salpêtre, produit du carbonate de potasse, de l'acide carbonique libre et de l'azote

$$2(KO,AzO^5) + 5C = 2(KO,CO^2) + 3CO^2 + 2Az.$$

Ainsi un charbon incandescent brûle vivement quand on projette sur lui un azotate : on dit que le sel *fuse*.

Le soufre produit un sulfate, de l'acide sulfureux et de l'azote

$$KOAzO^5 + 2S = KO,SO^3 + SO^2 + Az.$$

Enfin le mélange en proportions convenables de salpêtre, soufre et charbon, constitue les diverses poudres de guerre, de chasse, de mine, dont la combustion produit du sulfure de potassium, de l'acide carbonique et de l'azote

$$KOAzO^5 + S + 3C = KS + 3CO^2 + Az.$$

CHAPITRE VIII

CHIMIE ORGANIQUE

230. Matières organiques. — En étudiant les carbures d'hydrogène, nous sommes entrés dans cette partie de la chimie que l'on désigne sous le nom de chimie organique.

Les matières animales ou végétales furent trouvées au premier abord si compliquées, en comparaison des corps que nous avons étudiés jusqu'ici, que l'on crut nécessaire d'en faire l'étude tout à fait à part. Grâce aux travaux des chimistes modernes, cette séparation devient de plus en plus difficile à faire, à mesure que les composés dits organiques augmentent de nombre et sont mieux connus. Beaucoup d'entre eux ont été reproduits artificiellement au moyen de corps simples ou de composés inorganiques. On produit même dans les laboratoires des corps innombrables qui sont évidemment analogues aux corps organiques, mais qui n'ont jamais été trouvés dans les êtres organisés. Ajoutons que l'eau et de nombreuses substances minérales sont nécessaires à la vie des organismes, et nous reconnaîtrons que la limite entre les corps organiques et inorganiques est purement conventionnelle.

On a conservé le nom de *substances organiques* à celles qui, comme l'alcool, la quinine, sont des espèces chimiques bien caractérisées, pouvant cristalliser et entrer en combinaison, et l'on réserve celui de *matières organisées* à celles qui, jouant un rôle dans la vie, ne cristallisent point et ne peuvent fondre ou se volatiliser sans se décomposer. Telles sont : l'albumine, la fibrine, etc.

231. Composition. — Toutes les substances végétales et animales contiennent du carbone et de l'hydrogène. Un très grand nombre sont ternaires, et contiennent de plus de l'oxygène : tels sont l'alcool, le vinaigre, le sucre, l'amidon, le phénol, etc... D'autres sont quaternaires, comme la quinine, et contiennent de l'azote ; il en est enfin qui contiennent en outre du soufre : c'est le cas des substances albuminoïdes ; à ces cinq éléments principaux s'ajoutent quelquefois le phosphore, le fer, etc.

Analyse. — La complication d'une matière animale ou végétale peut devenir très grande par suite du mélange ou de la combinaison de plusieurs substances organiques. Pour étudier ces dernières, on commence par les séparer par des procédés mécaniques ou chimiques qui constituent l'analyse immédiate.

Par exemple : par écrasement suivi de compression on extrait les huiles des graines oléagineuses, et le sucre de la betterave ou de la canne ; l'amidon est séparé du gluten qui l'accompagne dans la farine des céréales par un lavage à l'eau. On emploie fréquemment des dissolvants qui ne prennent que l'une des matières en présence. Les substances inégalement volatiles sont séparées par l'application ménagée de la chaleur ; on recueille séparément les liquides qui distillent aux différentes températures (distillation fractionnée).

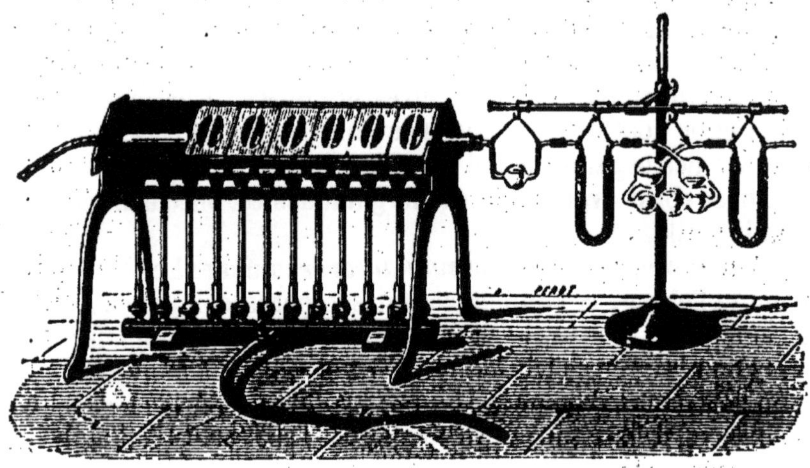

Fig. 142. — Analyse élémentaire d'une substance organique.

Lorsqu'un corps a été isolé, il reste à déterminer la nature et la proportion des éléments qui le constituent. La méthode que l'on suit aujourd'hui est due à Lavoisier ; elle a été perfectionnée successivement par Gay-Lussac, Chevreul, Liebig, Dumas. Elle consiste à chauffer au rouge dans un tube de verre entouré de clinquant, la substance préalablement séchée, mélangée intimement avec de l'oxyde de cuivre pulvérisé (*fig.* 142). Le carbone est transformé en acide carbonique et l'hydrogène en eau; celle-ci est recueillie dans des tubes en U remplis de pierre ponce imbibée d'acide sulfurique, et l'acide carbonique est absorbé par de semblables tubes à potasse.

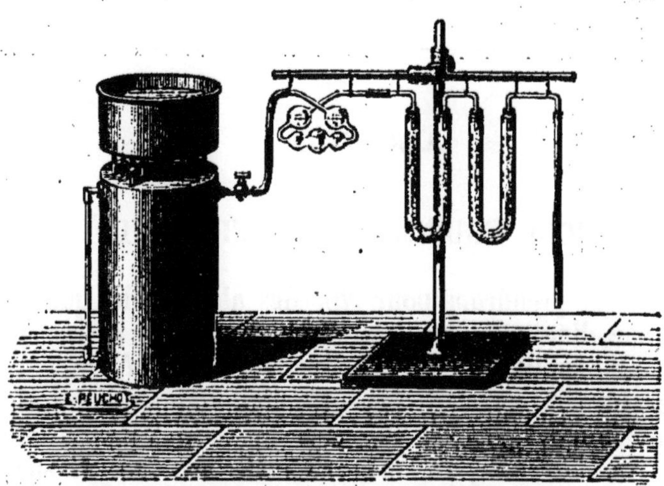

Fig. 143. — Gazomètre fournissant de l'oxygène sec

Pour achever la combustion et balayer l'acide carbonique, on fait passer dans l'appareil un courant d'oxygène sec (*fig.* 143).

Des poids de l'eau et de l'acide carbonique formés on déduit les poids d'hydrogène et de carbone contenus dans la substance; l'oxygène se déduit par différence.

Si la substance est azotée (ce que l'on reconnaît à ce qu'en la chauffant avec de la potasse elle dégage de l'ammoniaque), on détermine l'azote par une deuxième opération. Après avoir chassé l'air de l'appareil par un courant d'acide carbonique, on répète l'expérience précédente avec quelques précautions spéciales, et l'on recueille sur la cuve à mercure le gaz qui se dégage; l'acide carbonique étant absorbé par la potasse, il ne reste que l'azote. Les autres éléments se déterminent par des procédés spéciaux que nous ne décrirons pas.

La proportion des éléments étant connue, il est facile de déterminer la formule du corps. Observons que celle-ci est astreinte à représenter quatre volumes de vapeur (V. 178).

232. Classification. — La plupart des matières organiques peuvent être rattachées à trois groupes de corps nettement caractérisés. L'un de ces groupes est celui des *carbures d'hydrogène* que nous avons déjà étudiés. Ces composés sont les plus simples, et leur synthèse est toujours assez facile. On en peut faire dériver les autres, savoir les *alcools* et les *phénols*.

ALCOOLS

—

ALCOOL ORDINAIRE OU ETHYLIQUE

233. Nous prendrons pour type des alcools celui que l'on extrait par distillation du vin, du cidre ou de divers jus sucrés, après qu'ils ont subi *la fermentation alcoolique*.

L'alcool ordinaire ($C^4H^6O^2$) provient toujours d'un principe sucré, le glucose ou sucre de raisin, que l'on peut faire dériver à son tour soit du sucre ordinaire, soit des substances amylacées ou de la cellulose.

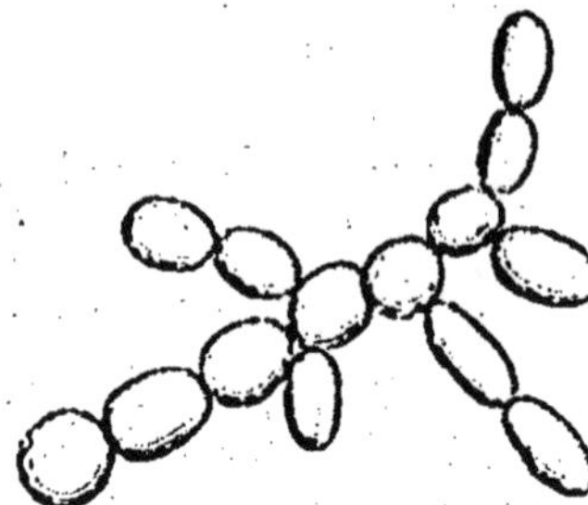

Fig. 144. — Ferment alcoolique.

234. Fermentation alcoolique. — La fermentation alcoolique consiste principalement dans le dédoublement du glucose en alcool et acide carbonique :

$$C^{12}H^{12}O^{12} = 2C^4H^6O^2 + 4CO^2.$$

Cette réaction a lieu sous l'influence de l'activité vitale d'un proto-organisme (la levûre de bière, algue unicellulaire, *fig.* 144) qui se multiplie au fur et à mesure de la décomposition du glucose, et s'assimile de la cellulose et des matières grasses produites aux dépens du jus sucré.

Le poids d'alcool produit est proportionnel à la quantité des cellules qui se sont formées, et non à celle de la levûre employée. C'est là un caractère des *ferments organisés*. M. Pasteur a montré qu'il se produit toujours dans cette opération de la glycérine et de l'acide succinique; 6 pour 100 environ du poids du sucre sont employés à former ces produits accessoires. Le vin contient 6 à 8 grammes de glycérine par litre.

La levûre ne doit pas avoir le contact de l'air; elle emprunte au jus sucré l'oxygène nécessaire à sa vie; elle se développe bien au contact de l'air, mais sans déterminer la fermentation. Aussi a-t-on le soin, dans la préparation du vin, d'enfoncer plusieurs fois dans le liquide *le chapeau* qui se forme à la surface de la cuve, et qui contient la majeure partie de la levûre, avec la râfle soulevée par l'acide carbonique; la fermentation recommence aussitôt.

Quelle que soit la matière première qui a fourni l'alcool, celui-ci pourra être séparé, par distillation, de la majeure partie de l'eau et de divers produits qui l'accompagnent. On l'amène d'un seul coup au degré convenable de concentration au moyen d'un appareil appelé rectificateur.

235. Propriétés. — L'alcool pur est incolore, très mobile; il a une odeur agréable et une saveur brûlante; sa densité est 0,8; il bout à 78°,4 et ne se solidifie que vers — 150°. Il coagule les substances albuminoïdes; ainsi, injecté dans les vaisseaux sanguins, il détermine la coagulation de la fibrine, et par suite la mort. D'un autre côté, cette propriété permet de conserver dans l'alcool les préparations anatomiques : les substances albuminoïdes coagulées par l'alcool durcissent et deviennent imputrescibles. Enfin elle explique le collage des vins et boissons fermentées au moyen du blanc d'œuf ou de la gélatine : ces substances, intimement mélangées avec le liquide, se coagulent et forment un lacis très serré qui emprisonne les substances solides et les entraîne au fond du vase.

Sous l'influence de la chaleur, l'alcool se décompose en un nombre considérable de produits dont la nature et la proportion dépendent de la température : carbone, hydrogène, eau, formène, éthylène, acétylène, benzine, acide carbonique, etc.

L'alcool brûle à l'air en donnant de l'acide carbonique et de l'eau; le mélange de vapeur d'alcool et d'oxygène détone au contact d'une bougie.

236. Réactions générales des alcools. — Outre ces propriétés qui lui sont plus ou moins particulières, l'alcool donne lieu à des *réactions caractéristiques*, c'est-à-dire telles qu'un corps qui les a fournies doive être nécessairement classé parmi les alcools; elles consistent dans l'action de l'oxygène, des acides et de l'ammoniaque : la première donne naissance à une aldéhyde et un acide correspondant, la seconde aux éthers, la troisième aux ammoniaques composées.

237. Aldéhyde et acide correspondant. — En faisant agir sur l'alcool ordinaire l'acide azotique étendu, ou l'acide sulfurique avec le bioxyde de manganèse, en un mot par une oxydation lente, on enlève à l'alcool ($C^4H^6O^2$) quatre volumes d'hydrogène, qui passent à l'état d'eau (H^2O^2), et l'on obtient un corps ($C^4H^4O^2$) que l'on a nommé *aldéhyde,* pour rappeler que c'est de l'alcool déshydrogéné. Ce corps et tous ceux de la même catégorie sont caractérisés par un pouvoir réducteur énergique (1).

Une oxydation plus complète, produite par exemple par l'acide chromique ou l'acide chlorique concentré, transforme l'alcool en *acide acétique* ($C^4H^4O^4$).

238. Éthers. — Les acides, réagissant sur l'alcool, donnent des composés qui ont reçu le nom d'*éthers;* on distingue

1. Le chlore agit vivement sur l'alcool; il peut même y avoir inflammation à la lumière solaire; l'action plus modérée donne naissance à l'aldéhyde et à des produits de substitution du chlore à l'hydrogène dans ce composé. Parmi ces derniers, nous remarquerons le *chloral* ($C^4HCl^3O^2$), très employé comme calmant en thérapeutique.

les éthers simples formés par les hydracides, et les éthers composés produits par les acides oxygénés. Les uns et les autres résultent de l'addition des éléments de l'acide et de l'alcool (pris sous quatre volumes de vapeur) avec élimination d'une molécule d'eau.

Pour traduire symboliquement cette réaction, il est commode d'écrire la formule de l'alcool : $C^4H^4\ (H^2O^2)$, — sans attacher toutefois aucune importance théorique à cette écriture. La transformation de l'alcool en acide acétique pourra s'exprimer alors par le remplacement de H^2O^2 par O^4 : $C^4H^4\ (O^4)$. De même, en remplaçant une molécule d'eau par une molécule d'un acide monobasique, on aura la formule de l'éther correspondant. Ainsi l'on écrira : $C^4H^4\ (HCl)$ éther chlorhydrique, $C^4H^4\ (C^4H^4O^4)$ éther acétique, etc. (1).

Un certain nombre d'éthers s'obtiennent par la distillation du mélange de l'acide et de l'alcool ; l'opération marche mieux quand on ajoute au mélange de l'acide sulfurique.

Les éthers se décomposent sous l'influence de l'eau et surtout des alcalis, à l'ébullition : l'alcool est régénéré, et l'acide est mis en liberté ou se combine avec l'alcali pour former un sel ; certains de ces sels, formés par les acides gras, sont les savons connus dans les usages domestiques : d'où le nom de *saponification* donné à cette opération que nous représenterons par les formules suivantes :

$$C^4H^4\ (HCl) + KHO^2 = C^4H^4\ (H^2O^2) + KCl$$
$$C^4H^4\ (C^4H^4O^4) + KHO^2 = C^4H^4\ (H^2O^2) + C^4H^3KO^4.$$

1. Quant aux acides polybasiques, il faudra observer que ces acides se combinent avec 1, 2 ou 3 équivalents d'alcool, comme avec 1, 2, 3 équivalents de base, avec élimination d'autant de molécules d'eau. Il en résulte des composés que l'on peut rapprocher des sels acides et des sels neutres. Ainsi l'acide sulfurique ($S^2H^2O^8 = 2SO^3HO$) donnera un premier composé $C^4H^4(S^2H^2O^8)$ que l'on appelle acide sulfovinique ou éthylsulfurique, et qui, comme le bisulfate de potasse, peut se combiner avec les bases, — puis l'éther sulfurique neutre $(C^4H^4)^2(S^2H^2O^8)$.

Les formules des éthers phosphoriques ou citriques s'obtiendront en ajoutant à celles des acides de même nom (acides tribasiques) 1, 2 ou 3 fois C^4H^4 ; le premier de ces éthers est un acide bibasique, le deuxième est monobasique, et le troisième est un corps neutre.

239. Amines. — Les amines peuvent être considérées comme provenant de l'union d'une molécule de gaz ammoniac et d'une ou de plusieurs molécules d'alcool, avec élimination d'autant de molécules d'eau. Ainsi l'éthylamine a pour formule $C^4H^4\,(AzH^3)$. Celle-ci s'obtient en chauffant ensemble à 100°, en vase clos, l'ammoniaque concentrée et l'éther iodhydrique : il se forme de l'iodhydrate d'éthylamine

$$C^4H^4\,(HI) + AzH^3 = (C^4H^4, AzH^3)\,HI.$$

240. Amides et nitriles. Le sel ammoniacal formé par l'acide correspondant de l'alcool (acide acétique, par exemple) engendre ces composés en perdant une ou deux molécules d'eau ; ainsi l'on obtient, par l'action de la chaleur sur l'acétate d'ammoniaque, l'*acétamide :*

$$C^4H^3\,(AzH^4)\,O^4 - H^2O^2 = C^4H^5AzO^2.$$

Ce même sel traité par l'acide phosphorique anhydre donne l'*acéto-nitrile :*

$$C^4H^3\,(AzH^4)\,O^4 - 2\,H^2O^2 = C^4H^3Az.$$

Les amides peuvent être obtenues par l'action des éthers sur l'ammoniaque.

Les amides et les nitriles peuvent, en présence de l'eau, régénérer le sel ammoniacal correspondant. Ainsi l'acide cyanhydrique reproduit le formiate d'ammoniaque, dont il est le nitrile.

241. Ether ordinaire ou éthylique. — Ce composé bien connu, désigné à tort sous le nom d'éther sulfurique, s'obtient en maintenant à 140° un mélange d'alcool et d'acide sulfurique concentrés. En apparence, l'acide sulfurique déshydrate partiellement l'alcool : deux molécules de celui-ci se soudent pour ainsi dire avec élimination d'une molécule d'eau

$$2\,C^4H^6O^2 = H^2O^2 + C^8H^{10}O^2.$$

En réalité, la théorie de l'éthérification est plus compliquée; l'eau distille en même temps que l'éther : elle n'est donc pas absorbée par l'acide sulfurique.

ALCOOLS MONOATOMIQUES

242. — A chacun des carbures non saturés correspond un alcool, de même que l'alcool éthylique correspond à l'éthylène. Ces alcools sont dits monoatomiques; l'acide qui en dérive est monobasique. On peut les classer comme les carbures correspondants en séries homologues (V. § 177). Nous allons jeter un coup d'œil sur ceux de ces corps qui jouent un rôle dans la nature, ou qui reçoivent des applications.

PREMIÈRE SÉRIE

243. — L'*esprit de bois* ou alcool méthylique ($C^2H^4O^2$), qui remplace quelquefois l'alcool du vin comme combustible ou dans les préparations anatomiques, est son homologue inférieur. On l'extrait par distillation des goudrons de bois, dont il forme la partie la plus volatile. Le carbure correspondant n'existe pas dans la série des oléfines (méthylène C^2H^2 ?). Il se rapporte dans la série des carbures saturés au formène. Son acide est l'acide *formique*, sécrété par les fourmis rouges.

Il faut y rattacher le *chloroforme* (C^2HCl^3), produit de substitution du chlore dans l'éther méthylchlorhydrique C^2H^2 (HCl). On l'obtient en distillant l'esprit de bois ou l'alcool ordinaire avec un mélange de chlorure de chaux et de chaux éteinte. Ce corps est employé pour produire l'anesthésie.

Parmi les homologues supérieurs, citons l'*alcool amylique* ($C^{10}H^{12}O^2$) que l'on extrait de l'eau-de-vie de pommes de terre ou de grains. L'*éther amylique* ($C^{20}H^{22}O^2$) sert à parfumer les bonbons anglais; divers éthers de cet alcool sont connus sous le nom d'*essences de fruits* (ananas, poires).

Le *blanc de baleine*, que l'on trouve dans l'encéphale des cachalots, est à l'*alcool cétylique* ($C^{32}H^{34}O^2$) ce que l'éther acétique est à l'alcool ordinaire; sa formule est donc $C^{32}H^{32}$ $(C^{32}H^{34}O^{4})$. L'acide correspondant est l'*acide palmitique* $(C^{32}H^{34}O^{4})$ que l'on trouve dans l'huile de palme.

La cire de Chine et la cire d'abeilles présentent une composition analogue; on en extrait les derniers homologues connus de la série éthylique : les *alcools cérique* et *mélissique*. Ce dernier $(C^{60}H^{62}O^{2})$ ne fond qu'à 85°.

244. Acides gras. — Les acides correspondants de ces alcools forment la *série grasse* dans laquelle on trouve en effet un grand nombre d'acides entrant dans la constitution des graisses, comme les acides palmitique $(C^{32}H^{32}O^{4})$ et stéarique $(C^{36}H^{36}O^{4})$.

Par extension, on applique le nom d'acides gras aux acides formique, acétique, etc...

245. Acide acétique. — Ce dernier s'obtient en dissolution étendue (vinaigre d'Orléans), en laissant s'aigrir au contact de l'air le vin, le cidre et divers liquides alcooliques. La *fermentation acétique* est produite par une algue unicellulaire (*mycoderma aceti*) qui forme, en se multipliant, une pellicule à la surface du liquide.

Pour obtenir le meilleur rendement et le vinaigre de meilleur arome (et sans anguillules), M. Pasteur conseille de mettre le vin dans de larges cuves, sous une faible épaisseur, et de semer à la surface le ferment jeune, recueilli dans d'autres cuves où la fermentation s'opère depuis deux ou trois jours. Les cuves sont couvertes pour éviter l'évaporation.

On extrait des goudrons de bois une grande partie de l'acide acétique du commerce. On prépare d'abord l'acétate de chaux en neutralisant les goudrons par la chaux ; cet acétate permet d'obtenir l'acétate de soude, puis l'acide acétique pur, plus ou moins concentré ou anhydre.

DEUXIÈME SÉRIE

246. — A l'acétylène correspond l'*alcool acétylique* ($C^4H^4O^2$). Son homologue supérieur est l'*alcool allylique* ($C^6H^6O^2$). L'aldéhyde de celui-ci ($C^6H^4O^2$) est l'*acroléine*, principe âcre qui se dégage des graisses fortement chauffées. Son éther sulfuré ($C^{10}H^{12}S^2$) est l'*essence d'ail;* enfin l'*essence de moutarde* en est l'éther sulfo-cyanhydrique (C^6H^4, $CyHS^2$). Ce dernier se développe lorsqu'on humecte la farine de moutarde; c'est à ce composé qu'il faut attribuer l'action vésicante des sinapismes.

L'*acide oléique* ($C^{36}H^{34}O^4$) dérive d'un alcool de cette série.

TROISIÈME SÉRIE

247. — On y trouve le *bornéol* ou camphre de Bornéo ($C^{20}H^{18}O^2$) dont l'aldéhyde est le *camphre ordinaire des laurinées*. Le carbure correspondant ($C^{20}H^{16}$), le *camphène*, est isomère de l'essence de térébenthine.

CINQUIÈME SÉRIE

248. — L'*alcool benzylique* ($C^{14}H^8O^2$) dont l'aldéhyde forme l'essence d'amandes amères ($C^{14}H^6O^2$) correspond à l'*acide benzoïque* ($C^{14}H^6O^4$). L'amande amère contient l'amygdaline et l'émulsine, ferment diastasique qui, sous l'influence de l'eau, décompose l'amygdaline en aldéhyde benzylique et acide cyanhydrique.

L'acide benzoïque s'obtient par la distillation du benjoin, sorte de résine sécrétée par les styrax.

GLYCOLS OU ALCOOLS DIATOMIQUES

249. — Le type de cette classe est le glycol éthylique ($C^4H^6O^4$); l'écriture symbolique adoptée pour l'alcool nous permettra d'exprimer simplement que ce composé peut remplir deux fois la fonction d'*alcool*. Si, en effet, dans la formule $C^4H^2\ (H^2O^2)^2$, nous remplaçons une fois H^2O^2 :

1° Par O^4, nous obtenons l'acide glycolique $C^4H^2(H^2O^2)O^4$.

2° Par HCl, nous obtenons un éther chlorhydrique $C^4H^2\ (H^2O^2)\ HCl$.

3° Par AzH^3, nous obtenons une amine $C^4H^2(H^2O^2)AzH^3$.

Chacun de ces composés contient encore une molécule d'eau (H^2O^2), qui peut être remplacée par une molécule d'oxygène, d'un acide ou de gaz ammoniac, comme cela se présente chez les alcools monoatomiques. Ces composés mixtes sont dits acide-alcool, éther-alcool, amine-alcool, etc.

Par une deuxième substitution, on forme de nouveaux composés tels que l'*acide oxalique* $C^4H^2\ (O^4)^2$, l'éther dichlorhydrique $C^4H^2\ (HCl)^2$, la diamine $C^4H^2\ (AzH^3)^2$, etc., ou bien des composés mixtes tels que l'acide acétamique $C^4H^2\ (AzH^3)O^4$ que l'on obtient sous le nom de glycocolle ou *sucre de gélatine*, en traitant celle-ci par l'acide sulfurique étendu. Ce corps et ses analogues se combinent indifféremment aux acides ou aux bases; on les nomme acides amidés.

L'*acide oxalique* (1) est bibasique; on le trouve dans l'oseille à l'état de bioxalate de potasse. Celui-ci s'obtient en grand par la calcination d'un mélange de sciure de bois (cellulose) avec des potasses du commerce. On en tire facilement l'acide cristallisé, que l'on emploie comme mordant dans la teinture ou pour enlever les taches d'encre. A la dose

1. A l'acide oxalique il faut rattacher le cyanogène (dinitrile oxalique), obtenu en enlevant à l'oxalate neutre d'ammoniaque quatre molécules d'eau :

$$C^4\ (AzH^4)^2O^8 - 4\,H^2O^2 = C^4Az^2.$$

On a vu la transformation inverse du cyanogène en oxalate d'ammoniaque.

de 15 à 20 grammes, cet acide constitue un poison nerveux très actif; on emploie pour le combattre les vomitifs et les alcalis faibles tels que la magnésie.

250. Homologues du glycol. — Le propylglycol $C^6H^4(H^2O^2)^2$, premier homologue du précédent, donne par oxydation l'*acide lactique* $C^6H^4(H^2O^2)O^4 = C^6H^6O^6$, acide alcool qui se développe dans le petit lait et la choucroute, aux dépens du sucre, sous l'influence du ferment lactique. L'acide *sarcolactique*, que l'on trouve dans le jus de viande et dans l'urine, est isomère du précédent.

L'acide amidé de ce glycol est l'*alanine* $C^6H^4(AzH)^2O^4$.

Un autre homologue du glycocolle est la *leucine*, que l'on trouve dans le foie, la rate, les poumons, et que l'on obtient par l'action de l'acide sulfurique étendu sur la corne.

ALCOOLS TRIATOMIQUES

251. Glycérine. — La glycérine ($C^6H^8O^6$) est le type des alcools triatomiques; pour l'exprimer nous écrirons sa formule $C^6H^2(H^2O^2)^3$.

On pourra, en remplaçant 1, 2 ou 3 molécules d'eau par autant de molécules d'oxygène, d'acides ou de gaz ammoniac, obtenir des acides, des éthers, des amines ou des composés mixtes.

Nous ne parlerons ici que de quelques éthers neutres, la nitroglycérine et les graisses.

La nitroglycérine est l'éther trinitrique de la glycérine, c'est-à-dire le produit de la substitution de trois molécules d'acide azotique aux trois molécules d'eau de la glycérine : $C^6H^2(AzHO^6)^3$. Pour l'obtenir, on verse peu à peu la glycérine dans un mélange d'acides azotique et sulfurique concentrés; puis, on lave le produit à grande eau. C'est un liquide huileux, des plus explosifs, qui, mélangé à 25 pour 100 de sable fin, constitue la *dynamite*.

Les graisses et les huiles sont formées par trois éthers

neutres de la glycérine : *stéarine*, *margarine* ou palmitine, et *oléine*. La première est très abondante dans le suif de bœuf et de mouton, la deuxième dans la graisse de porc et l'huile de colza ou de palmier, la dernière particulièrement dans les huiles d'olives et d'amandes douces.

Les graisses servent à préparer dans l'industrie les bougies stéariques et les savons. La glycérine s'obtient comme produit accessoire dans ces opérations.

252. Bougies. — Dans le premier cas, le suif (formé principalement de l'éther tristéarique de la glycérine) est saponifié soit par la chaux, soit par l'acide sulfurique, ou seulement par l'eau à une température suffisamment élevée. D'ordinaire on maintient le suif à 115° pendant vingt minutes avec 3 ou 4 pour 100 de son poids d'acide sulfurique concentré ; puis on le fait bouillir quelques heures avec le même acide étendu. L'acide stéarique mis en liberté est lavé, séché, puis distillé au moyen de vapeur d'eau surchauffée. Il ne reste qu'à couler le produit dans des moules, où l'on a placé d'abord une mèche, pour avoir par refroidissement les bougies stéariques.

253. Savons. — Les savons s'obtiennent en traitant les corps gras par des bases énergiques.

Le savon de Marseille se prépare au moyen d'huile d'olive de qualité inférieure et de soude caustique. Les marbrures bleues de ce savon sont dues à la présence d'alumine et d'oxyde de fer ; on obtient le savon blanc en laissant refroidir lentement le mélange du savon et de la lessive de soude ; les stéarates d'alumine et de fer, insolubles dans l'eau, se déposent, et le savon décoloré (stéarate et oléate de soude) surnage. Ainsi purifié, ce savon contient 45 pour 100 d'eau, tandis que le savon marbré n'en retient que 30 à 35 pour 100.

Le savon mou (vert ou noir) est préparé au moyen d'huile de colza et de potasse : il doit sa coloration aux impuretés et à diverses substances qu'on y ajoute, telles que sulfate de cuivre, etc...

ALCOOLS HEXA-ATOMIQUES

254. — La *mannite* et la *dulcite*, qui forment la majeure partie des mannes sécrétées par diverses variétés de frênes, sont des alcools hexa-atomiques :

$$C^{12}H^{14}O^{12} = C^{12}H^{8}(H^{2}O^{2})^{6}.$$

On y rattache les sucres, la fécule, la cellulose, etc.

255. Glycosides. — Le *glycose* ($C^{12}H^{12}O^{12}$), principe sucré que l'on trouve dans le miel, dans la plupart des fruits mûrs et particulièrement dans le raisin, est l'aldéhyde mannitique.

Le *sucre de canne*, de betterave ou d'érable, a pour formule $C^{24}H^{22}O^{22}$; on peut le considérer comme obtenu par la combinaison de deux molécules de glycose avec élimination d'une molécule d'eau ($2C^{12}H^{12}O^{12} - H^{2}O^{2}$). Le *sucre de lait* ou *lactose* a la même composition.

A l'ébullition, avec quelques gouttes d'un acide énergique, ou en présence de certains ferments, le sucre se transforme en deux variétés de glucose agissant différemment sur la lumière polarisée (*glucose* dextrogyre et *lévulose*); c'est ce mélange que l'on appelle sucre interverti; on obtient de même avec le sucre de lait deux *galactoses*, isomères de ces glucoses ($C^{12}H^{12}O^{12}$).

Tandis que les *glucoses* (difficilement cristallisables) fermentent directement sous l'action de la levure de bière, et sont rapidement altérés par les alcalis, les sucres cristallisables (*saccharoses*) ne fermentent qu'après interversion, et ne sont pas altérés par les solutions alcalines.

La glucose s'obtient industriellement par la fermentation diastasique de l'amidon ou de la fécule ($C^{12}H^{10}O^{10}$). On met en suspension dans l'eau la fécule avec de l'orge germée;

la température est maintenue à 30°, puis à 70° pendant 20 minutes. On fait ensuite couler le liquide sur du noir animal concassé, et on le concentre à une température peu élevée dans un courant d'air (1).

On arrive au même résultat en délayant peu à peu la fécule dans trois fois son poids d'eau bouillante, acidulée par un centième d'acide sulfurique.

Le sucre s'extrait en France de quelques variétés de betteraves, qui en contiennent jusqu'à 10 pour 100 de leur poids. La betterave râpée est soumise à une pression énergique au moyen d'une presse hydraulique. Le jus, très altérable, est porté à 95° avec 5 pour 100 de chaux (défécation); il se clarifie par le repos. Le sucre a formé avec la chaux un composé peu altérable que l'on traitera ensuite par un courant d'acide carbonique (carbonatation) afin de remettre le sucre en liberté. La dissolution est filtrée sur du noir animal en grains, puis évaporée dans un appareil (*à triple effet*) où la pression est réduite successivement à 65, 38, puis à 14 centimètres de mercure (2).

Le sirop convenablement concentré cristallise. On l'introduit dans des cylindres en toile métallique (*turbines*) qui tournent rapidement autour de leur axe vertical. Les cristaux ainsi débarrassés de la mélasse sont très blancs et peuvent être livrés au commerce. Après une nouvelle cuisson, on retire de la mélasse le sucre de deuxième et même de troisième jet, que l'on joint au premier jet pour les soumettre au raffinage. D'autres fois, les mélasses sont soumises à la fermentation, et servent à produire l'alcool. Le résidu de la distillation, calciné, sert à la préparation des sels de potasse.

250. Matières amylacées. — On désigne ainsi di-

1. La germination de l'orge a développé la *diastase*, ferment chimique de nature azotée, qui se détruit en opérant cette transformation. La diastase peut transformer en glucose environ 2000 fois son poids de fécule. Elle cesse d'agir à 100°.

2. L'évaporation sous la pression atmosphérique exigerait une température à laquelle le sucre se transformerait en *caramel*.

verses substances dont la composition centésimale répond à la formule $C^{12}H^{10}O^{10}$. Nous allons les énumérer.

Fécule et *amidon*. — La fécule de la pomme de terre et l'amidon des céréales se présentent en grains ovoïdes formés de couches concentriques plus ou moins hydratées. Ces grains se gonflent considérablement et leurs enveloppes éclatent, lorsqu'on les met dans l'eau chaude (*fig.* 145). A 80°, on obtient l'empois d'amidon, qui bleuit par l'iode. Entre 100° et 200° (en vase clos), l'amidon se transforme en *dextrine*, son isomère, qui se produit aussi comme intermédiaire dans la préparation du glucose. La dextrine donne par l'action de l'iode une coloration vineuse; elle est soluble dans l'eau.

Fig. 145. — Grains d'amidon exfoliés.

L'amidon s'obtient en malaxant de la farine dans un courant d'eau : il est entraîné et se dépose; il reste entre les mains de l'opérateur du *gluten*, substance azotée dont on fait le pain des diabétiques, et qui entre pour beaucoup dans les pâtes alimentaires.

Le tapioca (de la racine du manioc), le sagou (de la moelle de certains palmiers), l'arrow-root, la semoule, sont des variétés de fécule.

L'*inuline*, isomère, soluble dans l'eau, insoluble dans l'alcool, se trouve dans le topinambour, le dahlia, etc... A l'ébullition, elle se transforme en lévulose.

Les *gommes*, produites par les acacias (gomme arabique ou du Sénégal), par les pruniers, etc. (gomme de pays), donnent sous l'action de l'acide sulfurique étendu du sucre ordinaire.

Les *mucilages* de la graine de lin et de la racine de guimauve ont la même composition.

La *pectine* se trouve dans les poires mûres, la carotte, etc., elle est accompagnée dans les fruits d'un ferment appelé *pectase*, qui la transforme en acide pectique gélatineux; les gelées de fruits sont produites par la coagulation de celui-ci.

Cellulose. — Cette substance, qui caractérise les cellules végétales, forme la majeure partie du bois d'œuvre ou de chauffage ; elle se trouve à très peu près pure dans la moelle des arbres et le coton. On sait que le papier est fabriqué avec divers végétaux, des chiffons, etc.; il est donc formé de cellulose.

Un papier à filtre trempé dans l'acide sulfurique étendu de son volume d'eau, puis séché, prend une consistance remarquable qui lui fait donner le nom de *parchemin végétal* (employé dans la dialyse). L'action prolongée de l'acide sulfurique transforme la cellulose en dextrine, puis en glucose (sucre de chiffons). L'acide azotique étendu la convertit à l'ébullition en acide oxalique (V. § 249). Trempé dans l'acide azotique concentré et additionné d'acide sulfurique monohydraté, le coton se transforme en pyroxyle ou *coton-poudre.*

La dissolution de celui-ci dans un mélange d'alcool et d'éther forme le *collodion.* On y ajoute de l'huile de ricin pour obtenir les petits ballons que l'on gonfle de mélanges détonants.

La *lignine*, qui incruste les fibres ligneuses, contient moins d'oxygène que la cellulose.

La *tunicine*, que l'on trouve dans les enveloppes des molluscoïdes tuniciers (ascidies, etc.), paraît être identique à la cellulose.

AUTRES SUBSTANCES VÉGÉTALES SE RATTACHANT AUX ALCOOLS POLYATOMIQUES

257. Acides malique, citrique, tartrique. — Ces trois corps ont été découverts par Schéele. Le premier dérive d'un alcool triatomique ; les deux autres, d'alcools tétratomiques.

L'*acide malique* [$C^8H^6O^{10} = C^8H^4(H^2O^2)(O^4)^2$] se trouve dans les pommes, les baies du sorbier et de l'épine-vinette, les fraises, cerises, framboises, etc...

On l'obtient en cristaux aiguillés très déliquescents. Quand on le chauffe, il fond à 100°, puis il perd à 130° une molécule d'eau, et donne l'*acide fumarique*, que l'on trouve dans le fumeterre et certains champignons.

De l'acide malique dérivent une amine acide, l'*acide aspartique*, et une diamine, l'*asparagine* ($C^8H^8Az^2O^6$) qui se trouve dans l'asperge, les racines de guimauve et de réglisse, etc...

L'*acide citrique* [$C^{12}H^8O^{14} = C^{12}H^6 (H^2O^2) (O^4)^3$] s'extrait du jus de citron fermenté; on le trouve aussi dans les groseilles; il se présente en beaux cristaux; sa dissolution se couvre rapidement de moisissures. Il fond à 175°, puis il perd de l'eau et se transforme en *acide aconitique* ($C^{12}H^6O^{12}$) que l'on trouve aussi dans l'aconit.

L'*acide tartrique* [$C^8H^6O^{12} = C^8H^2 (H^2O^2)^2 (O^4)^2$] s'extrait du tartre (bitartrate de potasse), qui se dépose au fond des tonneaux où le vin a longtemps séjourné. Il existe aussi dans le raisin, les mûres, le topinambour. Chauffé au contact de l'air, il brûle et répand une odeur de caramel.

Le sel de Seignette est le tartrate double de soude et de potasse. L'émétique ou tartre stibié est le tartrate double d'antimoine et de potasse.

L'*acide succinique* ($C^8H^6O^8$), que l'on obtient par la distillation de l'ambre ou succin, se trouve dans l'absinthe, la laitue vireuse, la térébenthine. On l'obtient par l'hydrogénation des acides malique et tartrique.

Fig. 146. — Préparation du tannin.

358. Dérivés glycosiques. — Diverses variétés de *tannin* ou acide tannique ($C^{54}H^{22}O^{34}$) se rencontrent dans les écorces de chêne, d'orme, de marronnier, des quinquinas. On l'extrait par déplacement au moyen de l'éther. On emplit de noix de galle pulvérisée une allonge incomplètement fermée au bas par un tampon d'amiante et d'ailleurs par un bouchon à l'émeri (*fig.* 146) ; on y ajoute de l'éther dont l'eau dissout le tannin. La distillation opérée à basse température laisse des paillettes jaunâtres, d'une saveur astringente. Le tannin coagule l'albumine et la gélatine, et forme avec les matières animales des composés imputrescibles.

Il sert à préparer l'encre ordinaire ; on le fait agir à cet effet sur une dissolution de sulfate de fer. Cette encre noircit de plus en plus au contact de l'air, par suite de la suroxydation du fer.

L'*acide gallique* ($C^{14}H^6O^{10}$) s'obtient en laissant fermenter la dissolution tannique. Il se forme en même temps de la glucose, puis de l'alcool. Le ferment gallique est un champignon, le *penicilium glaucum*. L'acide gallique est obtenu en aiguilles soyeuses. Chauffé à 200°, il se transforme en acide *pyrogallique* et acide carbonique.

La *salicine* ($C^{26}H^{18}O^{14}$), que l'on obtient en traitant par l'eau bouillante l'écorce du saule et du peuplier, donne par oxydation lente l'aldéhyde salicylique, qui existe dans la reine des prés. En s'oxydant en présence de la potasse, elle donne l'*acide salicylique*.

PHÉNOLS

259. Phénol ou acide phénique. — Nous prendrons comme type de cette série le phénol ordinaire ($C^{12}H^6O^2$) que l'on extrait des goudrons de la houille : on recueille ce qui passe entre 150° et 200° dans leur distillation fractionnée. C'est un corps solide cristallisé, qui fond à 35° et bout à 180°, peu soluble dans l'eau, beaucoup plus soluble dans l'alcool. Il a une saveur brûlante et caustique : on l'emploie comme antiseptique.

Le phénol n'a pas d'action sur le tournesol ; mais il forme

avec la potasse et la soude de véritables sels, les phénates alcalins, ce qui justifie le nom d'acide phénique.

Les phénols ressemblent aux alcools par leur action sur la plupart des acides, avec lesquels ils forment des éthers. Ils forment aussi avec le gaz ammoniac des ammoniaques composés; mais ils en diffèrent essentiellement par l'absence d'aldéhydes et d'acides provenant de leur oxydation, comme l'acide acétique dérive de l'alcool vinique. L'action de l'acide azotique est aussi toute différente; au lieu d'éthers nitriques, elle donne des produits de substitution de l'acide hypoazotique à l'hydrogène. C'est ainsi que du phénol ordinaire on fait dériver l'acide *picrique* $C^{12}H^{3}(AzO^{4})^{3}O^{2}$, matière tinctoriale jaune importante, qui sert d'ailleurs à préparer les *picrates*, employés dans la confection des torpilles.

La *phénylamine* est l'aniline $C^{12}H^{5}(AzH^{2})$, que l'on trouve toute formée dans les goudrons de la houille, mais que l'on prépare industriellement par la réduction de la *nitrobenzine* (V. § 198) au moyen d'acide acétique et de limaille de fer.

$$C^{12}H^{5}AzO^{4} + 6H = 2H^{2}O^{2} + C^{12}H^{5}(AzH^{2}).$$

Ce corps et quelques homologues supérieurs (toluidine, etc.) servent à préparer les belles couleurs si variées dites de l'aniline.

260. Phénols polyatomiques. — Parmi les phénols diatomiques, citons l'*orcine* $(C^{14}H^{8}O^{4})$, que l'on obtient en traitant certains lichens par la chaux. L'orcine donne, sous l'influence de l'ammoniaque et de l'oxygène, l'*orcéine* $(C^{14}H^{7}AzO^{6})$, matière colorante de l'*orseille* et du *tournesol*.

L'*acide pyrogallique* $(C^{12}H^{6}O^{6})$ est un phénol triatomique. C'est un corps cristallisé blanc, qui brunit à l'air, surtout en présence de la potasse, en absorbant l'oxygène. On l'emploie en photographie comme réducteur.

Aux phénols il faut rattacher un certain nombre de carbures d'hydrogène, parmi lesquels nous remarquerons l'*anthracène* $(C^{28}H^{10})$, qui passe vers 350° dans la distillation des huiles lourdes de la houille. C'est au moyen de ce carbure que l'on prépare aujourd'hui l'*alizarine* ($C^{28}H^{8}O^{8}$), principale matière tinctoriale de la *garance*.

L'*indigo* ($C^{16}H^{5}AzO^{2}$), que l'on extrait de certaines plantes des Indes (*indigofera*), paraît aussi se rattacher aux phénols; on peut le transformer en aniline et en acide picrique. Pour l'employer en teinture, on le dissout dans l'acide sulfurique concentré; il est insoluble dans l'eau, peu soluble dans l'alcool et l'éther.

ALCALIS ORGANIQUES

261. — Les alcaloïdes ou alcalis végétaux se trouvent particulièrement dans les solanées, les papavéracées, les ombellifères. La plupart sont des poisons très violents. Ils se comportent au point de vue chimique comme l'ammoniaque, et forment des sels. Parmi ceux-ci, les oxalates, tartrates, gallates et tannates sont insolubles : d'où l'emploi du thé et du tannin comme contrepoisons.

Tous sont azotés; la plupart sont oxygénés. On suppose que ce sont des amines d'alcools polyatomiques.

La *quinine* ($C^{40}H^{24}Az^{2}O^{4}$), que l'on extrait des quinquinas jaunes et rouges, est employée comme fébrifuge. Elle est accompagnée, surtout dans les quinquinas gris, par la *cinchonine* et la *quinidine*.

La *strychnine* et la *brucine* se retirent de la noix vomique et de la fève de Saint-Ignace.

L'opium, que l'on extrait en Orient du pavot blanc, est un poison narcotique très violent; on l'emploie à faible dose comme soporifique. Il contient six alcaloïdes : *morphine*, (5 à 15 pour 100), *codéine*, *narcotine*, *narcéine*, *thébaïne*, *papavérine*.

Le tabac contient de 2 à 8 pour 100 de *nicotine*.

La *conicine* se trouve dans la grande ciguë et un certain

nombre d'ombellifères : 1 décigramme détermine la paralysie et amène la mort par asphyxie.

La *belladone* contient l'*atropine*. Les oculistes emploient, pour produire la dilatation de la pupille, une goutte d'une solution de sulfate d'atropine qui en contient 6 grammes par litre.

MATIÈRES ALBUMINOIDES

262. — Les principales matières albuminoïdes ou protéiques sont : l'albumine, la fibrine, la caséine. Leur composition est très complexe et très difficile à déterminer, car elles ne cristallisent pas. Elles contiennent toujours du soufre; au contact de l'air et à une douce chaleur, elles subissent rapidement la fermentation putride : il se dégage divers produits sulfurés. Une température élevée les décompose en répandant aussi une odeur très désagréable. L'oxydation lente (au moyen du permanganate de potasse, par exemple) produit l'*urée*.

L'*albumine* forme les 9/10 des substances solides contenues dans le blanc d'œuf; le jaune contient 1/3 de vitelline (isomère) et 2/3 de substances grasses. Le sérum du sang, le chyle, le lait, les graines des céréales et des légumineuses en contiennent des quantités notables.

L'*albumine* se coagule sous l'action de la chaleur (vers 75°), des acides (sauf les acides acétique, phosphorique et pyrophosphorique), de l'alcool et du tannin. L'albumine coagulée se dissout par une ébullition prolongée dans l'eau faiblement alcaline. Elle forme des composés insolubles avec le bichlorure de mercure, le sulfate de cuivre, l'acétate de plomb, l'azotate d'argent : aussi l'emploie-t-on pour combattre l'empoisonnement par le premier de ces corps.

La *caséine* est une des parties essentielles du lait, qui en contient de 3 à 4 pour 100. Elle se coagule sous l'influence de tous les acides, et forme la base des fromages (lait caillé). Elle ne se coagule pas à l'ébullition.

La *légumine* des légumineuses lui est probablement identique.

La *fibrine* est insoluble dans l'eau pure, mais soluble dans l'eau faiblement alcaline. Elle se trouve dans la chair musculaire, le sang et le gluten.

L'action de la *pepsine* sur les aliments azotés produit d'abord la *syntonine* ou parapeptone, substance gélatineuse insoluble dans l'eau pure, soluble dans l'eau légèrement acide ou acaline : une action plus prolongée donne la *peptone* ou albuminose, substance soluble et immédiatement assimilable.

Au contact des muscles, la peptone donne la myosine, que l'on peut obtenir en broyant et laissant macérer la chair avec de l'eau légèrement salée. La myosine est insoluble dans l'eau pure et se coagule par la chaleur (66°), à l'inverse des peptones.

L'*osséine* est la substance organique des os; on l'isole en dissolvant, au moyen de l'acide chlorhydrique, les substances calcaires qui l'accompagnent (V. § 80).

Sous l'action prolongée de l'eau bouillante, elle se transforme en *gélatine*. Celle-ci et quelques substances analogues telles que la chondrine, obtenue en traitant de même les cartilages, les tendons, etc., constituent la *colle forte*. La colle de poisson s'obtient spécialement au moyen de la vessie natatoire de l'esturgeon.

SYNTHÈSE DES MATIÈRES ORGANIQUES

263. — On pouvait dire encore, au milieu de ce siècle, que le chimiste procède par voie de destruction, par analyse, tandis que la nature forme, au moyen de leurs éléments, des corps sans nombre.

Après avoir opéré un grand nombre de métamorphoses dont la nature nous rend témoins, les chimistes modernes ont réussi à reproduire par voie synthétique de nombreuses substances organiques. Nous citerons seulement quelques exemples.

Une des premières que l'on ait obtenue par cette voie est l'urée (1), qui forme environ la moitié du poids des matières solides dissoutes dans l'urine.

Elle résulte de la réaction du sulfate d'ammoniaque et du cyanate de potasse, deux corps que l'on peut former en partant de leurs éléments.

$$2\,(KO,C^2AzO) + 2\,AzH^4O,S^2O^6 = 2\,KO,S^2O^6 + 2\,(C^2Az^2H^4O^2).$$

Nous avons indiqué (**191**) comment M. Berthelot a pu obtenir l'*acétylène* par l'union directe du carbone et de l'hydrogène. Au moyen de ce gaz, on peut faire la synthèse d'un grand nombre de carbures. Nous rappellerons seulement que par l'action de la chaleur seule l'acétylène donne naissance à la *benzine*, et que, chauffé avec de l'hydrogène, il produit l'*éthylène*.

Au moyen des carbures, on fait aisément la synthèse des alcools. Ainsi l'acide sulfurique absorbe une grande quantité d'éthylène, avec lequel il forme l'*acide éthyl-sulfurique* $C^4H^4\,(S^2H^2O^8)$. La distillation de ce dernier corps avec de l'eau donne l'*alcool*, identique à celui que l'on obtient par la fermentation vinique :

$$C^4H^4\,(S^2H^2O^8) + H^2O^2 = C^4H^4\,(H^2O^2) + S^2H^2O^8.$$

Au moyen de l'alcool on obtient aisément l'acide acétique, les éthers, les amines, etc., en faisant agir sur lui des corps simples ou des composés dont on sait faire la synthèse.

1. L'urée est isomère du cyanate d'ammoniaque (AzH^4O,C^2AzO). On peut la regarder aussi comme l'amide du carbonate neutre d'ammoniaque. Ce sel résulte en effet de la fixation de deux molécules d'eau sur l'urée dans la fermentation ammoniacale (74).

$$C^2Az^2H^4O^2 + 2\,H^2O^2 = 2\,AzH^4O,C^2O^4.$$

est [illegible] [illegible] synthétique [illegible] substances [illegible] organiques. [illegible] citerons [illegible] quelques exemples.

[illegible] que [illegible] [illegible] [illegible] [illegible]

[illegible] [illegible] [illegible]

[illegible]

[illegible] [illegible] [illegible]

[illegible] [illegible] [illegible]

[illegible]

[illegible] [illegible] [illegible] chauffant [illegible] [illegible] [illegible] simple [illegible] [illegible] [illegible]

1. [illegible] [illegible] [illegible] [illegible] [illegible] dans [illegible]

[illegible]

TABLE DES MATIÈRES

PRÉLIMINAIRES

CHAPITRE PREMIER

L'AIR, L'EAU ET LEURS ÉLÉMENTS

CHAPITRE II

COMPOSÉS DE L'AZOTE

CHAPITRE III

PHOSPHORE ET SES COMPOSÉS. — ARSENIC

CHAPITRE IV

SOUFRE ET SES COMPOSÉS

CHAPITRE V

CHLORE ET SES COMPOSÉS. — IODE

CHAPITRE VI

CARBONE ET SES COMPOSÉS. — SILICE

CHAPITRE VII

GÉNÉRALITÉS SUR LES MÉTAUX, ETC.

CHAPITRE VIII

GÉNÉRALITÉS SUR LES MATIÈRES ORGANIQUES

SAINT CLOUD. — IMPRIMERIE Vᵉ EUG. BELIN ET FILS.

www.ingramcontent.com/pod-product-compliance
Ingram Content Group UK Ltd.
Pitfield, Milton Keynes, MK11 3LW, UK
UKHW012203240726
13966UKWH00002B/548